FUNDAÇÕES

Revisão técnica:

Rossana Piccoli
Graduada em Engenharia Civil
Mestre em Engenharia Civil (Gerenciamento de Resíduos e Sustentabilidade)

G963f Guimarães, Diego.
Fundações / Diego Guimarães, Eduardo Alcides Peter; [revisão técnica: Rossana Piccoli]. – Porto Alegre: SAGAH, 2018.

ISBN 978-85-9502-352-9

1. Engenharia civil. I. Peter, Eduardo Alcides. II.Título.

CDU 624.1

Catalogação na publicação: Karin Lorien Menoncin CRB-10/2147

FUNDAÇÕES

Diego Guimarães
Mestre em Engenharia Civil
Graduado em Engenharia Civil

Eduardo Alcides Peter
Doutor em Física
Mestre em Física
Graduado em Física

Porto Alegre
2018

sagah

Gerente editorial: *Arysinha Affonso*

Colaboraram nesta edição:
Editora responsável: *Carolina R. Ourique*
Assistente editorial: *Giovana Roza*
Preparação de originais: *Marina Leivas Waquil*
Capa: *Paola Manica | Brand&Book*
Editoração: *Kaéle Finalizando Ideias*

Importante

Os links para sites da Web fornecidos neste livro foram todos testados, e seu funcionamento foi comprovado no momento da publicação do material. No entanto, a rede é extremamente dinâmica; suas páginas estão constantemente mudando de local e conteúdo. Assim, os editores declaram não ter qualquer responsabilidade sobre qualidade, precisão ou integralidade das informações referidas em tais links.

Rua Ernesto Alves, 150 – Bairro Floresta
90220-190 – Porto Alegre – RS
Fone: (51) 3027-7000

SAC 0800 703-3444 – www.grupoa.com.br

IMPRESSO NO BRASIL
PRINTED IN BRAZIL

APRESENTAÇÃO

A recente evolução das tecnologias digitais e a consolidação da internet modificaram tanto as relações na sociedade quanto as noções de espaço e tempo. Se antes levávamos dias ou até semanas para saber de acontecimentos e eventos distantes, hoje temos a informação de maneira quase instantânea. Essa realidade possibilita a ampliação do conhecimento. No entanto, é necessário pensar cada vez mais em formas de aproximar os estudantes de conteúdos relevantes e de qualidade. Assim, para atender às necessidades tanto dos alunos de graduação quanto das instituições de ensino, desenvolvemos livros que buscam essa aproximação por meio de uma linguagem dialógica e de uma abordagem didática e funcional, e que apresentam os principais conceitos dos temas propostos em cada capítulo de maneira simples e concisa.

Nestes livros, foram desenvolvidas seções de discussão para reflexão, de maneira a complementar o aprendizado do aluno, além de exemplos e dicas que facilitam o entendimento sobre o tema a ser estudado.

Ao iniciar um capítulo, você, leitor, será apresentado aos objetivos de aprendizagem e às habilidades a serem desenvolvidas no capítulo, seguidos da introdução e dos conceitos básicos para que você possa dar continuidade à leitura.

Ao longo do livro, você vai encontrar hipertextos que lhe auxiliarão no processo de compreensão do tema. Esses hipertextos estão classificados como:

Saiba mais

Traz dicas e informações extras sobre o assunto tratado na seção.

Fique atento

Alerta sobre alguma informação não explicitada no texto ou acrescenta dados sobre determinado assunto.

Exemplo

Mostra um exemplo sobre o tema estudado, para que você possa compreendê-lo de maneira mais eficaz.

Link

Indica informações complementares na *web*.

https://sagah.com.br

Na prática

Proporciona uma experiência real. Acesse a página **http://goo.gl/wX1BCh** para ver o recurso.

Todas essas facilidades vão contribuir para um ambiente de aprendizagem dinâmico e produtivo, conectando alunos e professores no processo do conhecimento.

Bons estudos!

* Atenção: para que seu celular leia os códigos, ele precisa estar equipado com câmera e com um aplicativo de leitura de códigos QR. Existem inúmeros aplicativos gratuitos para esse fim, disponíveis na Google Play, na App Store e em outras lojas de aplicativos. Certifique-se de que o seu celular atende a essas especificações antes de utilizar os códigos.

SUMÁRIO

Unidade 1

Unidade 2

Unidade 3

UNIDADE 1

Critérios para a escolha do tipo de fundação

Objetivos de aprendizagem

Ao final deste texto, você deve apresentar os seguintes aprendizados:

- Reconhecer os diferentes tipos de solos e definir o que é sondagem.
- Diferenciar os tipos de fundações.
- Identificar e determinar o tipo de estrutura mais adequada a ser utilizada em função do solo.

Introdução

Neste capítulo, você conhecerá os diferentes tipos de solos que existem, sua composição e, com base nesses fatores, conseguirá estimar a capacidade resistiva do local no qual será implementada a estrutura. É de suma importância compreender as principais características de cada solo, pois um solo argiloso, se não for adensado corretamente, terá um recalque maior que um solo arenoso.

Você vai estudar também os mecanismos utilizados para a verificação desse solo e verá que se deve fazer uma série de procedimentos para realizar as inspeções no solo, como saber em quais locais os furos devem ser feitos e a quantidade necessária de furos. A partir disso, você aprenderá que existem diferentes tipos de sondagens, como CPT, Vane Test e SPT, que é o processo mais executado em termos de sondagens. A partir dessas informações, será possível diferenciar os diferentes tipos de fundações que devem ser implementados de acordo com cada tipo de solo e com as características de cada obra. As fundações rasas ou superficiais podem ser as sapatas e a vigas contínuas, enquanto que as fundações profundas podem ser as estacas pré-moldadas e os tubulões.

Os diferentes tipos de solos e a sondagem

Os solos são constituídos por um conjunto de partículas sólidas com água (ou outro líquido) e ar nos espaços intermediários; essas partículas, de maneira geral, encontram-se livres para se deslocarem entre si. Em alguns casos, uma pequena cimentação pode ocorrer entre elas, mas em um grau extremamente mais baixo do que nos cristais de um metal ou nos agregados dc um concreto.

A diversidade dos solos e a enorme diferença de comportamento apresentada pelos diversos solos diante das solicitações de interesse na engenharia levou ao seu natural agrupamento em conjuntos distintos, para os quais algumas propriedades podem ser atribuídas.

Dessa tendência natural de organização da experiência acumulada, surgiram os sistemas dc classificação dos solos. O objetivo da classificação dos solos, sob o ponto de vista de engenharia, é o de estimar o provável comportamento do solo ou, pelo menos, o de orientar o programa de investigação necessário para permitir a adequada análise de um problema.

Os sistemas de classificação se baseiam no tamanho dos grãos e nas características dos argilominerais. O tamanho dos grãos é determinado diretamente pela análise granulométrica, mas as características dos argilominerais, ou solos mais finos, são consideradas, indiretamente, pelo comportamento do solo na água, medido pelos limites de Atterberg.

Pode-se dizer que a mecânica dos solos divide os materiais que ocorrem na superfície da Terra em:

- Rochas: solos rochosos (rochas em decomposição);
- Solos arenosos/siltosos: com propriedade de compacidade (grau de compacidade);
- Solos argilosos: com propriedade de consistência (limite de consistência).

Sondagem

Muitas vezes, o aspecto de um solo leva o técnico a considerá-lo firme; contudo, um exame mais cuidadoso pode mostrar que se tratar de solo altamente compressível, exigindo uma consolidação prévia. Esse exame é denominado sondagem e tem por finalidade verificar a natureza do solo, a espessura das diversas camadas, a profundidade e a extensão da camada mais resistente. Com base nessas informações, acrescidas da carga da estrutura, consegue-se determinar o tipo da estrutura de fundação a ser especificada.

Antes de decidir o tipo de fundação em um terreno, é essencial que o profissional adote os seguintes procedimentos:

- Visitar o local da obra, detectando a eventual existência de alagados, afloramento de rochas, etc.;
- Visitar obras em andamento nas proximidades, verificando as soluções adotadas;
- Fazer sondagem a trado (broca) com diâmetro de 2" ou 4", recolhendo amostras das camadas do solo até atingir a camada resistente;
- Solicitar sondagem geotécnica.

Existem alguns procedimentos que devem ser realizados nas investigações geológico-geotécnicas com o intuito de executar as fundações; são processos que permitem conhecer totalmente o substrato a ser analisado e elaborar o melhor projeto geotécnico e de fundações. Para isso, deve-se identificar, classificar e avaliar a constituição das camadas do solo. Deve-se, primeiramente, obter amostras para realizar ensaios em duas possibilidades de categorias descritas a seguir:

- *In situ*: – ensaios elaborados no campo e que, na prática, predominam;
- Em laboratório: tipo de investigação restrito aos casos especiais da engenharia, principalmente em locais de ocorrência de solos coesivos.

Entre os ensaios de campo existentes e praticados em todo o mundo, alguns se destacam:

1. SPT = *Standard Penetration Test*;
2. SPT-T = *Standard Penetration Test*, complementado com medidas de torque;
3. CPT = ensaio de penetração de cone;
4. CPT-U = ensaio de penetração de cone, complementado com medidas de pressões neutras, também chamado de piezocones;
5. *Vane Test* = ensaio de palheta;
6. Pressiomêtros = modelo de Ménard e autoperfurantes;
7. Dilatômetros = modelo de Marchetti;
8. Provas de carga = ensaio de carregamento de placa;
9. *Cross-Hole* = ensaio geofísico.

Dependendo do tipo de solo, deve-se utilizar a sondagem que forneça as informações mais precisas, sem deixar que ocorra margem de dúvida sobre os resultados e indicando qual solução será a melhor alternativa. Dentre as sondagens mais utilizadas, o ensaio de SPT (*Standart Penetration Test*) é o mais utilizado em solos penetráveis.

O SPT é uma sondagem geotécnica à percussão, de simples reconhecimento, que realiza o registro do somatório do número de golpes para vencer os dois últimos terços de cada metro para a penetração de 15 cm. Na Figura 1, pode-se visualizar um esquema do SPT.

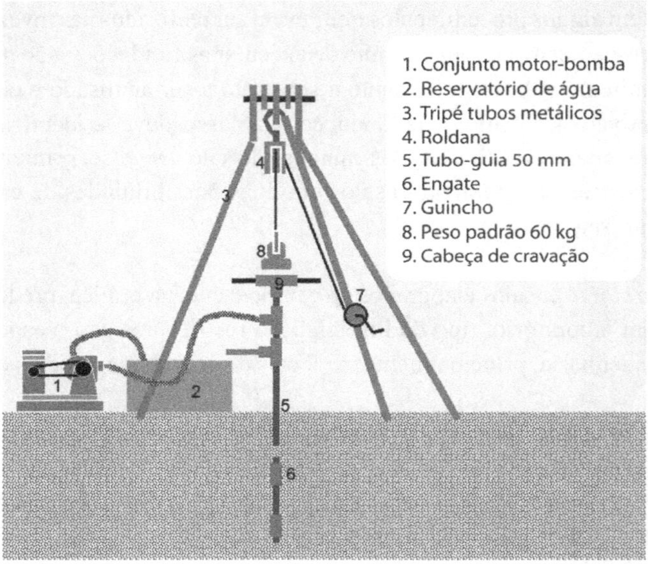

Figura 1. Esquema do ensaio de SPT.
Fonte: Apresentação Sondagem spt (2014).

SPT – sondagem de simples reconhecimento à percussão

A sondagem à percussão talvez seja o mais antigo e usado procedimento geotécnico de campo, pois tem capacidade de amostrar o subsolo e também pode ser associado à equação:

sondagem percussão + penetração dinâmica = SPT

O SPT mede a resistência do solo ao longo de uma profundidade desejada da seguinte maneira:

- Retira-se amostras deformadas a cada um (1) metro de solo atravessado;
- Mede-se a resistência (N) oferecida pelo solo à cravação do amostrador padrão, ou seja, a cada metro perfurado;
- Mede-se a posição do NA quando encontrado durante a perfuração.

O ensaio foi idealizado e teve seu procedimento apresentado por Decourt, Albiero e Cintra (1998). No Brasil, o ensaio está normalizado pela ABNT, por meio da ABNT NBR 6484:2001, conforme apresentado a seguir:

1. Crava-se um amostrador padrão por queda livre:
   - Altura = 75 cm; Peso = 65 kg (martelo);
2. Determina-se em planta a posição dos pontos (furos) na área a ser investigada; usualmente fura-se nos limites do lote (lindeiros) e em locais de maior concentração de carga;
3. As distâncias entre furos dependem do local: em áreas urbanas, deve ser entre 15 e 30 metros e, para áreas rurais (campo aberto), deve ser entre 50 e 100 metros;
4. Evitar muitos furos alinhados e, principalmente, nunca utilizar um único furo;
5. Em relação às resistências à penetração, para projetos de fundações, são feitas de forma estatística;
6. Em corte (na vertical), os furos de sondagem devem ser nivelados em relação a um único RN para toda a obra e, de preferência, fora do local de execução – por exemplo, um meio-fio;
7. A topografia das sondagens é de extrema importância e deve ser refeita qualquer que seja o tipo de interferência – terraplenagem de terreno e variações de marés;
8. A sondagem propriamente dita inicia com a montagem do "tripé" e um conjunto de roldanas e cordas para auxílio na composição da haste e no levantamento do martelo;
9. Com o uso de um "trado cavadeira", perfura-se até um metro de profundidade e se recolhe uma amostra representativa do solo, que será numerada a partir de "Amostra 0";
10. Feito o furo, acondiciona-se, na ponta da haste (1"), o amostrador padrão (1 3/8" e 2", diâmetros interno e externo), que é apoiado no fundo da perfuração aberta (o amostrador pode ser visualizado na Figura 2);

Figura 2. Amostrador padrão para SPT.
Fonte: Zip Anúncios (2016).

11. Neste momento, ergue-se o martelo (75 cm) e deixa-se que o mesmo caia sobre a haste, procedimento realizado até que 45 cm do amostrador padrão tenha penetrado no solo;
12. Conta-se o número de golpes necessários para cada penetração equivalente a 15 cm (dos 45 cm totais);
13. A soma do número de golpes necessários para a penetração dos últimos 30 cm do amostrador é designada como "N";
14. A amostra do "bico" do amostrador deve ser recolhida e acondicionada;
15. Prossegue-se, então, à abertura de mais 1 metro de furo, até alcançar a cota seguinte, ou seja, 2 metros – para tanto, utiliza-se um trado helicoidal, que remove o material perfurado desde que tenha certa coesão e não esteja abaixo do NA.

Quando não é possível seguir com "avanço a trado", seja por resistência exagerada do solo ou por presença do NA, prossegue-se à perfuração com auxílio de circulação (injeção) de água sob pressão, com uso de motobomba, uma caixa d'água para decantação e um "trépano", equipamento que substitui o amostrador padrão na ponta da haste. Algumas vezes, para manter estáveis as paredes do furo, pode ser necessário o uso de cravação de "tubos de revestimento", geralmente com 3" de diâmetro.

A profundidade a ser atingida depende do porte da obra a ser edificada e, consequentemente, das cargas a serem transmitidas ao terreno. A ABNT NBR 6484:20001 fornece critérios mínimos como orientação, por isso, para que não se fure nem a mais nem a menos que o necessário para o projeto de fundações, o profissional (engenheiro) deve acompanhar as sondagens e realizar inspeções visuais (*feeling*).

A determinação do nível d'água (NA) tem importância primordial, já que se observa que, geralmente, a água provém do fundo ou das paredes do furo e ocupa parte do mesmo; por isso, devemos aguardar sua estabilização para, somente depois, anotar a profundidade da superfície correspondente de água. Recolhe-se o primeiro surgimento de água com auxílio do "baldinho" (cano de 1" de diâmetro), aguarda-se o surgimento da água novamente, deixa-se estabilizar e anota-se novamente a profundidade da lâmina. Deve-se atentar para a existência de mais de um lençol no mesmo furo, o chamado "lençol empoleirado".

Um perfil de relatório de sondagem pode ser visualizado na Figura 3, que contém as características de resistência, o tipo dos materiais encontrados nas diversas alturas da sondagem e o nível do lençol freático. Analisando os perfis de sondagens, o engenheiro ou técnico de fundações, conhecendo a obra que se pretende construir nesse local, poderá decidir o tipo de fundação adequada, assim como a cota (profundidade) na qual a parte mais baixa da fundação ficará assentada.

Figura 3. Perfil de sondagem SPT

Fonte: Miranda (2017?).

Fique atento

A sondagem é de suma importância para um bom andamento da obra; quanto maior o conhecimento do tipo de terreno que se está construindo, maior será a precisão de resultados e, assim, será possível adotar a fundação mais indicada para o solo em questão.

Os tipos de fundações

Fundações diretas ou rasas são caracterizadas como blocos, alicerces, sapatas e radiers com uma profundidade de no máximo 3 m, de acordo com a ABNT NBR 6122:2010, e que são executadas sobre valas. Nesse tipo de fundação, a carga é transmitida diretamente ao solo. Na figura 4, podemos visualizar um tipo de fundação rasa.

A tensão aplicada por uma fundação rasa ao terreno provoca apenas recalques que a construção pode suportar sem causar deformações e oferecendo, simultaneamente, segurança satisfatória contra a ruptura ou o escoamento do solo ou do elemento estrutural de fundação

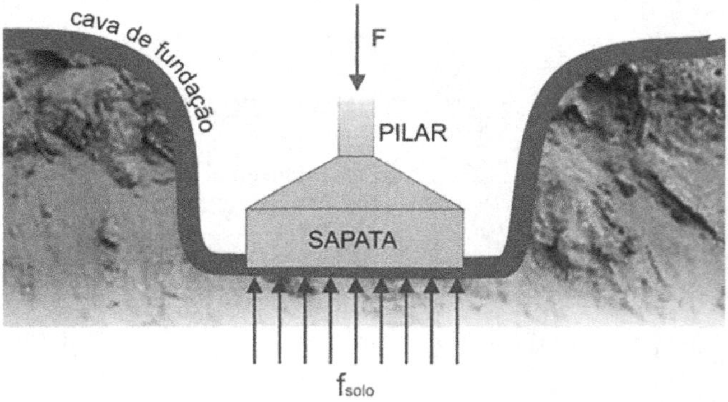

Figura 4. Estacas rasas.
Fonte: Barros (2011).

Existem alguns tipos de fundações superficiais, que são:

a) Bloco: executado em concreto simples e projetado de maneira que as tensões de tração que ocorrem possam ser resistidas sem necessidade de armadura;

b) Sapata: executada em concreto armado (aço para suportar esforços de tração), de altura menor que o "bloco". Existem duas classificações de sapatas: armadas e não armadas.
c) Vigas de função: recebem somente pilares alinhados; com seção transversal tipo bloco são frequentemente chamados de vigas baldrames;
d) Grelha: conjunto de vigas que se cruzam nos pilares;
e) Sapatas associadas: recebem parcialmente os pilares da obra, o que as difere do radier, por exemplo, e não têm a necessidade de estarem alinhadas, o que as difere da viga de fundação;
f) Radier: elemento de fundação que recebe todos os pilares da obra.

Estes tipos de fundações podem ser observados na Figura 5.

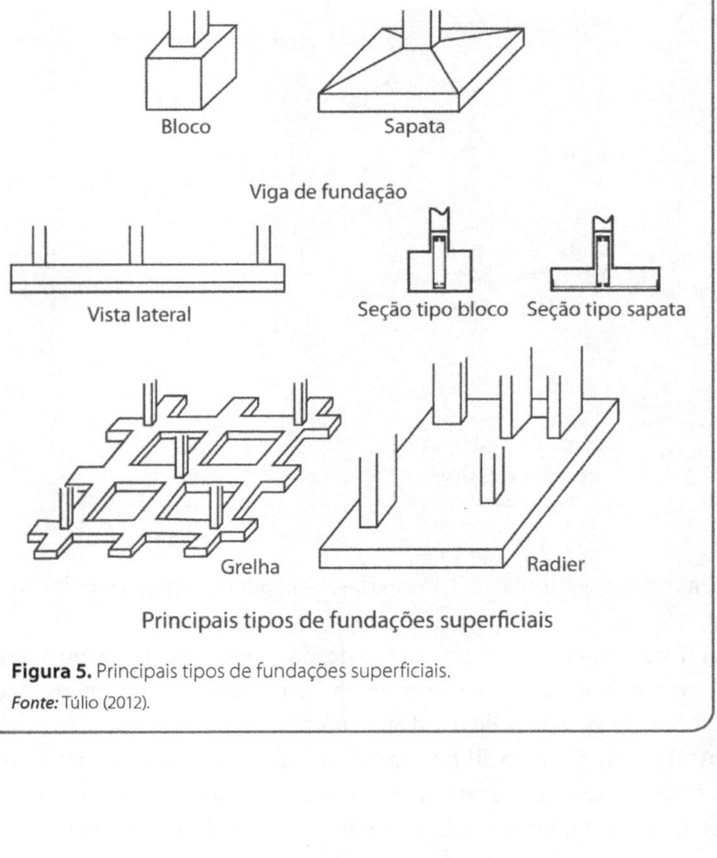

Figura 5. Principais tipos de fundações superficiais.
Fonte: Túlio (2012).

Fundações profundas

Fundações indiretas ou profundas

Este tipo de estaca alcança as regiões mais profundas do solo (Figura 6) e transmite a carga de duas formas: por meio da resistência lateral, que também pode ser chamada de resistência de fuste, e pela base ou resistência de ponta. Além disso, também pode ocorrer uma combinação das duas resistências.

A capacidade de carga de fundações profundas pode ser obtida por métodos estáticos, provas de carga e métodos dinâmicos.

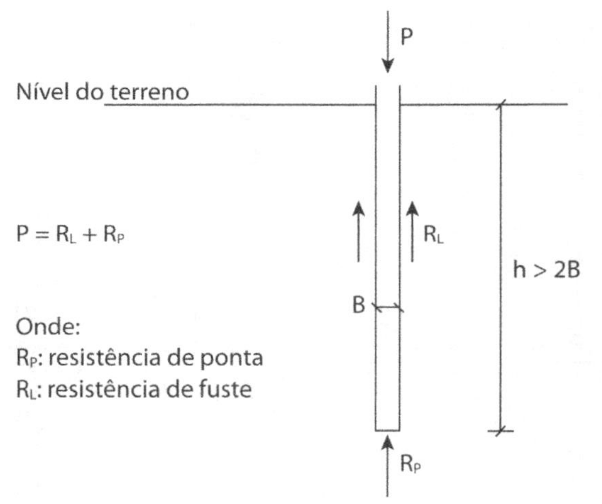

Figura 6. Estacas profundas.
Fonte: Fundações profundas (2010?)

Em relação às fundações profundas, existem três tipos principais:

a) Estaca: executada com auxílio de máquinas e equipamentos, pode ser cravada à percussão, prensagem, vibração ou escavação ou, ainda, envolvendo mais de um desses processos;
b) Tubulão: formato cilíndrico que se difere da estaca pelo processo executivo, no qual a entrada (descida) de operários é necessária;
c) Caixão: fundação profunda de forma prismática, concretada na superfície e instalada por cravação interna.

Estes tipos de fundações podem ser observados na Figura 7.

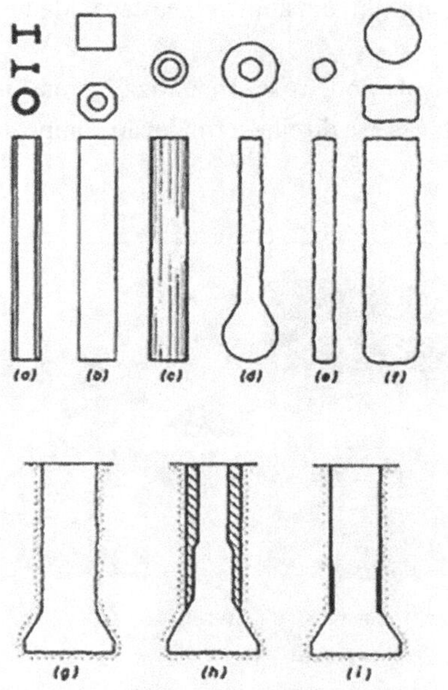

Figura 7. Alguns tipos de fundações profundas: estacas a) metálicas, b) pré-moldadas de concreto vibrado, c) pré-moldada de concreto centrifugado, d) tipo Franki e tipo Strauss, e) tipo raiz, f) escavadas, g) a céu aberto, sem revestimento, h) com revestimento de concreto, i) com revestimento de aço.

Fonte: HG (2012).

Fundações mistas

Associam fundações superficiais e profundas. Alguns exemplos dessas fundações são:

a) Sapatas sobre estacas: é uma combinação de sapatas + estacas (chamadas de "estaca T" ou "estapata");

b) Radiers estaqueados: radier + estaca (ou sobre tubulões). A parte da carga é transmitida ao solo pela estaca (atrito lateral e carga de ponta) e parte pela área de contato entre sua base e o solo da superfície. O radier estaqueado tem sido empregado para solos não coesivos e tem mostrado que o aumento da tensão efetiva, devido ao carregamento transmitido pelo radier, resulta em um aumento na capacidade de suporte das estacas.

As fundações mistas podem ser visualizadas na Figura 8, na qual, à esquerda, tem-se as estacas e, à direita, a fundação composta de viga de fundação, estaca e radier.

Figura 8. Fundações mistas (estacas + viga de fundação + radier).
Fonte: Construção Civil (2012).

Escolha da alternativa de fundações – critérios gerais

Geralmente, as obras podem permitir uma variedade de fundações, que devem ser escolhidas com base em **menor custo** e em **menor prazo de execução.**

Nos estudos preliminares, podemos incluir mais de um tipo de fundação superficial, mais de um nível de implantação e/ou mais de um tipo de fundação profunda. Na consideração de custos e prazos, deve-se levar em consideração escavações e reaterros.

Na Figura 9, tem-se um exemplo de fundação superficial (viga baldrame) e um de fundação profunda (tubulão). Pode-se observar que é necessária uma quantidade menor de concreto se comparado a uma fundação profunda; quanto maior a profundidade, maior será o volume de concreto armado e maior volume de movimentação de terra. Caso ultrapasse o NA, é necessário um sistema de rebaixamento do lençol; em contrapartida, as tensões se dissipam de forma mais eficaz.

Figura 9. a) Viga baldrame b) tubulão

Fonte: Construindo Decor (2017).

Fundações superficiais

Os blocos e sapatas são os elementos de fundação mais simples e, sempre que possível, devem ser adotados pela sua economia. Os blocos são ótimos para cargas reduzidas (obras residenciais por exemplo). Uma fundação associada (viga, sapata ou radier) deve ser adotada quando:

1. As áreas das sapatas imaginadas para os pilares se aproximam muito ou até mesmo se interceptam, por consequência de cargas elevadas dos pilares e/ou camada de solo sem suporte ou mal escolhida (tensões de trabalho baixas).

Figura 10. Sapatas.

Fonte: Pereira (2016).

2. Deseja-se uniformizar os recalques (por meio de fundação associada).

Em parte de uma obra, pode-se adotar uma sapata associada e fundações isoladas no restante (por exemplo). Quando a área total de fundação ultrapassar metade da área construída, indica-se o radier, que pode ser de quatro tipos: 1) radier liso; 2) radier com pedestais ou cogumelos; 3) radiers nervurados; 4) radier em caixão.

Figura 11. Radier.
Fonte: Fazer Fácil (2017?).

Fundações profundas

Com certa frequência, novos métodos na área das fundações profundas são introduzidos no mercado, ou seja, a técnica de execução está em constante evolução, o que obriga o projetista a conhecer as empresas executoras e os serviços disponíveis antes de qualquer atitude.

A Figura 12 apresenta os tipos mais comuns de estacas, divididas pelo seu processo/procedimento executivo:

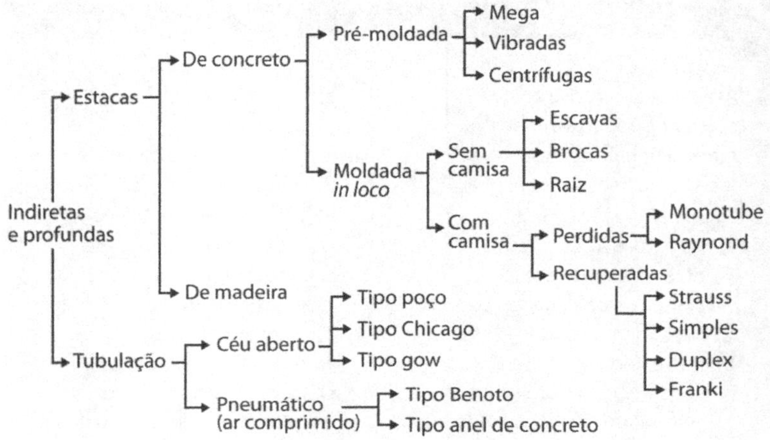

Figura 12. Diferentes tipos de fundações profundas.

Fonte: Barros (2011).

Link

Para saber mais sobre os tipos de fundações, acesse o link ou o código a seguir.

https://goo.gl/BtpCdb

Exercícios

1. Assinale a alternativa correta que corresponde a um dos procedimentos necessários na tomada de decisão sobre qual tipo de fundação utilizar:
   a) Visitar o local da obra, detectando a eventual existência de alagados, o afloramento de rochas, etc.
   b) Não é necessário visitar obras em andamento nas proximidades, verificando as soluções adotadas.
   c) Fazer sondagem com uma cavadeira, recolhendo amostras das camadas do solo até atingir a camada resistente.
   d) Quando se tem a presença de água no terreno, deve-se parar a realização do ensaio de sondagem.
   e) Após a realização da sondagem, não é preciso realizar processo algum em laboratório.

2. Foi realizada uma sondagem em uma obra e se determinou o tipo de perfil do terreno. Chegou-se à seguinte conclusão: tem-se um solo arenoso com resistência média, que aumenta de fato sua resistência com a cota de 6 m. Existe um hospital no terreno ao lado e, dessa forma, não deve ocorrer vibrações. Além disso, o nível de água está bem abaixo. Em relação a esses fatos, qual fundação é a mais indicada?
   a) Estaca pré-moldada em concreto.
   b) Estaca pré-moldada em aço.
   c) Estaca pré-moldada em madeira.
   d) Estaca moldada *in loco* do tipo Strauss.
   e) Estaca moldada *in loco* do tipo Franki.

3. Assinale a resposta correta em relação ao ensaio SPT.
   a) É um tipo de ensaio realizado em campo, no qual deve ser avaliado o quanto o amostrador penetrou no solo.
   b) É um tipo de ensaio realizado em laboratório.
   c) Deve-se utilizar uma broca rotativa, avaliando-se o quanto a broca consegue adentrar por efeito de rotação.
   d) É um ensaio simples que não necessita de nenhum equipamento especial.
   e) O resultado do ensaio é apresentado em planta baixa.

4. Marque a alternativa que corresponde às lacunas da afirmativa a seguir: As fundações se dividem em dois grandes grupos: _____________ ou _____________. A ABNT NBR 6122:2010 estabelece que fundações profundas são aquelas cujas bases estão implantadas a mais de 2 vezes sua ____________ e, a pelo menos, 3 m de profundidade.
   a) fundações profundas, superficiais (diretas), menor dimensão.
   b) fundações profundas, superficiais (diretas), maior dimensão.
   c) fundações superficiais (diretas), profundas, menor dimensão.
   d) fundações superficiais (diretas), profundas, maior dimensão.
   e) fundações profundas, superficiais, maior dimensão.

5. O radier é um sistema de fundação que reúne, em um só elemento de transmissão de carga, um conjunto de pilares. Consiste em uma placa contínua em toda a área da construção com o objetivo de distribuir a carga em toda a superfície. Seu uso é indicado para qual característica de solo?

a) Solos fracos e cuja espessura da camada instável é profunda.
b) Solos rochosos.
c) Solos fracos com espessura rasa.
d) Solos rígidos.
e) Solos rígidos e espessura da camada profunda.

Referências

APRESENTAÇÃO SONDAGEM SPT. [S.l.: s.n.], 2014. Disponível em: <https://pt.slideshare.net/ilmar147/apresentao-senai-aula-sondagem-spt>. Acesso em: 17 dez. 2017.

ASSOCIAÇÃO BRASILEIRA DE NORMAS DE TÉCNICAS. *ABNT NBR 6122:2010*. Projeto e execução de fundações. Rio de Janeiro: ABNT, 2010.

ASSOCIAÇÃO BRASILEIRA DE NORMAS DE TÉCNICAS. *ABNT NBR 6484:2001*. Solo – Sondagem de simples reconhecimento SPT – Método de ensaio. Rio de Janeiro: ABNT, 2001.

BARROS, C. *Apostila de fundações*: técnicas construtivas edificações. Pelotas: Instituto Federal de Educação, Ciência e Tecnologia, 2011. Disponível em: <https://edificaacoes.files.wordpress.com/2011/04/apo-fundac3a7c3b5es-completa.pdf>. Acesso em: 17 dez. 2017.

CONSTRUINDO DECOR. *Baldrame*: viga de fundação para edificações de pequeno porte. [S.l.]: Construindo Decor, [2017]. Disponível em: <http://construindodecor.com.br/baldrame/>. Acesso em: 17 dez. 2017.

DECOURT, L.; ALBIERO, J.H.; CINTRA, J. C. A. Análise e Projeto de Fundações Profundas. *Fundações: Teoria e Prática*. São Paulo: Pini, 1998.

FAZER FÁCIL. *Fundação de casa ou alicerce*. [S.l.: s.n., 2017?]. Disponível em: <http://www.fazerfacil.com.br/Construcao/fundacao.htm>. Acesso em: 17 dez. 2017.

FUNDAÇÕES profundas. Fortaleza: UFC, [2010?]. Disponível em: <http://www.lmsp.ufc.br/arquivos/graduacao/fundacao/apostila/04.pdf>. Acesso em: 17 dez. 2017.

HG, E. *Fundações profundas*. [S.l.]: Blog do Engenheiro Civil, 2012. Disponível em: <http://construcaociviltips.blogspot.com.br/2012/09/fundacoes-profundas.html>. Acesso em: 17 dez. 2017.

MIRANDA, G. *Fundações superficiais*. Belém: ITEC/UFP, [2017?]. Disponível em: <http://www.ebah.com.br/content/ABAAAAglQAC/fundacoes-ii>. Acesso em: 17 dez. 2017.

PEREIRA, C. *Sapatas de fundação*. [S.l.]: Escola Engenharia, 2016. Disponível em: <https://www.escolaengenharia.com.br/sapatas-de-fundacao/>. Acesso em: 17 dez. 2017.

TÚLIO, M. *Notas de aula de fundações* – 7. [S.l.]: Ebah, 2012. Disponível em: <http://www.ebah.com.br/content/ABAAAfCplAI/tipos-fundacao>. Acesso em: 17 dez. 2017.

ZIP ANÚNCIOS. *Sondagem SPT* – Conjunto de equipamentos. Macaé: Zip Anúncios, 2016. Disponível em: <http://zipanuncios.com.br/ads/sondagem-spt-conjunto-de-equipamentos/>. Acesso em: 17 dez. 2017.

Leitura recomendada

RADIERS *estaqueados*. Rio de Janeiro: PUC-Rio, [2010?]. Disponível em: <https://www.maxwell.vrac.puc-rio.br/3957/3957_3.PDF>. Acesso em: 17 dez. 2017.

Fundações diretas: tipos, características, métodos construtivos e cálculo das tensões no solo

Objetivos de aprendizagem

Ao final deste texto, você deve apresentar os seguintes aprendizados:

- Relacionar os diferentes tipos e as características das fundações diretas.
- Identificar os métodos construtivos das fundações diretas.
- Calcular as tensões no solo.

Introdução

Neste capítulo você vai estudar a respeito dos diferentes tipos de fundações diretas. De acordo com a NBR 6122/1996, as fundações diretas ou superficiais são aquelas em que a carga é transmitida ao solo, predominantemente pelas tensões distribuídas sob a base do elemento estrutural de fundação, estando assente a uma profundidade inferior a duas vezes o valor da menor dimensão do elemento estrutural de fundação

Fundações diretas

As fundações diretas, também conhecidas como fundações rasas, são utilizadas onde as camadas do solo são capazes de suportar as cargas. Esse tipo de fundação transmite a carga da estrutura diretamente ao solo, pela base da fundação, que é dimensionada de forma a distribuir o peso da construção no solo, para que a pressão sobre o solo seja compatível com a resistência do mesmo (Figura 1).

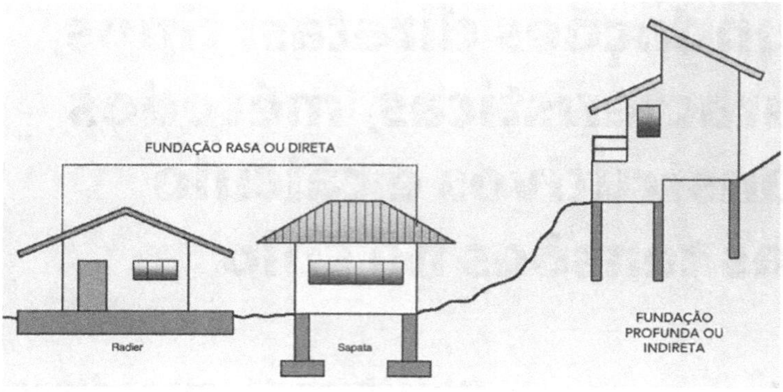

Figura 1. Fundação direta.
Fonte: Arraes (2016).

São executadas em valas rasas, com profundidade máxima de 3 metros, e caracterizadas por blocos, alicerces, sapatas e radiers.

Do ponto de vista estrutural, as fundações diretas se dividem em viga de fundação, bloco, sapata, radier e grelhas.

Viga de fundação

A viga de fundação, também denominada viga baldrame, funciona como apoio de construções sobre o solo (Figura 2), distribui o peso da construção pelo terreno e mantém sua estrutura unida. É considerada um tipo de fundação direta, comumente aplicada na construção de casas de alvenaria.

Figura 2. Viga de fundação.
Fonte: Caminho Certo (2017).

Bloco de fundação

Blocos de fundações são elementos de apoio construídos com concreto e apresentam uma altura relativamente grande, pois esses tipos de elemento trabalham à compressão. Onde houver um pilar, haverá um bloco de fundação distribuindo a carga do pilar para o solo. Os blocos podem ser fabricados com diferentes materiais: pedra, tijolos, concreto (Figura 3). Na Figura 3a, têm-se os blocos de coroamento que são utilizados para encaixe do pilar e distribuição de forças; na 3b, tem-se um bloco de concreto normal.

Figura 3. (a) Blocos de coroamento; (b) bloco de concreto.
Fonte: HFC (2017) e Tecnisa (2013).

Normalmente, os blocos assumem a forma de um bloco escalonado ou de um tronco de cone (Figura 4). Nos blocos em tronco de cone, a altura de um bloco deve ser calculada para que as tensões de tração que atuam no concreto sejam absorvidas por ele, sem necessidade da utilização da armadura.

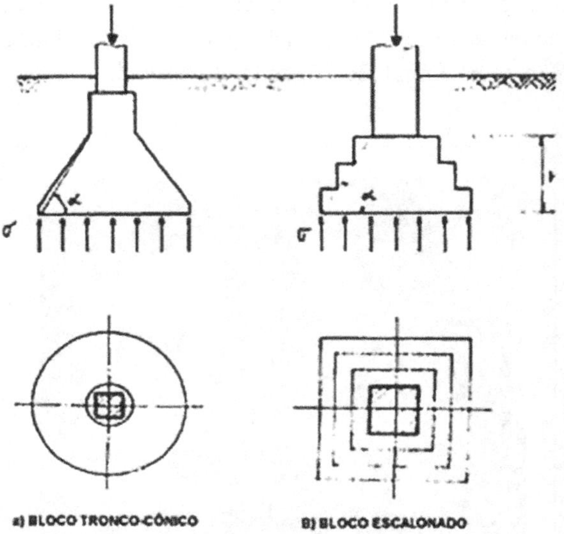

Figura 4. Blocos tronco e escalonado.

Sapatas de fundação

As sapatas são elementos de apoio de concreto armado, de menor altura quando comparado aos blocos e resistentes à flexão. São produzidas, geralmente, com concreto armado, com a forma aproximada de uma placa sobre a qual se apoiam colunas, pilares e paredes. As sapatas podem apresentar qualquer formato em planta; as mais usuais são: sapatas quadradas, retangulares, hexagonais e circulares (Figura 5).

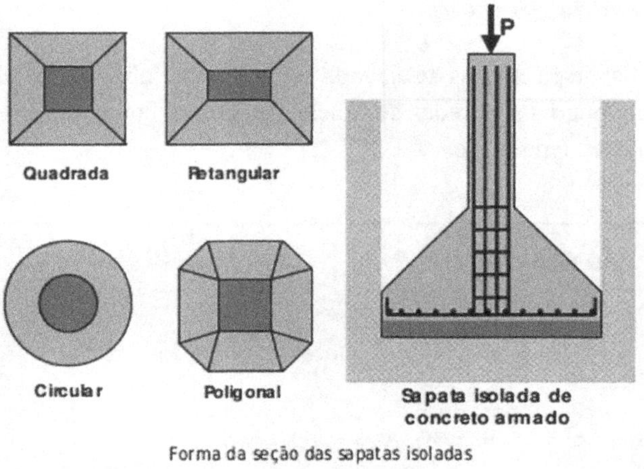

Figura 5. Formas das sapatas.
Fonte: Colégio Cetés (2013).

É um elemento semiflexível e, por isso, deve-se dimensionar altura, inclinação e as armaduras necessárias – para efeito desses cálculos, considera-se uma sapata de forma retangular. As sapatas podem ser isolada concreto, corrida concreto, associadas e de divisa.

Sapata isolada concreto

Esta sapata não tem ligação com nenhuma outra sapata e é dimensionada em esforços de um só pilar (Figura 6).

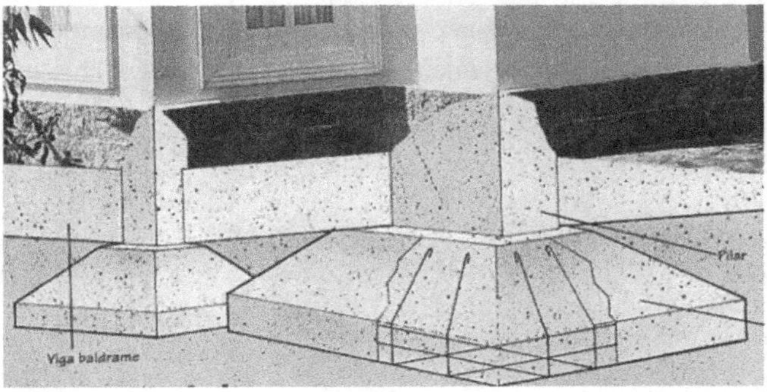

Figura 6. Sapata isolada de concreto.

Sapata corrida concreto

Sapata indicada para solos de elevada rigidez e para obras de pequeno porte, abaixo e ao longo das paredes de função estrutural, como, por exemplo, edificações de pequeno porte.

Na prática

Veja em realidade aumentada todo o processo de montagem da forma para moldar uma sapata.

Observe a sequência construtiva da sapata: escavação; colocação da armadura inicial; execução das formas de madeira da sapata; concretagem e tempo de cura do concreto; desmolde das formas de madeira; aterro total e compactação desse aterro. Após todas essas etapas, finalmente, ergue-se a edificação.

Aponte para o QR code ou acesse o *link* **http://goo.gl/wX1BCh** para ver o recurso.

Sapatas associadas

Sapata comum a diversos pilares que não apresentam o mesmo alinhamento quando observados em planta (Figura 7), indicada para cargas estruturais muito altas em relação à tensão admissível. Esse tipo de sapata é utilizado quando pelo menos duas sapatas isoladas ficam próximas. Casos assim podem ser prejudiciais à estrutura, então o uso desse elemento recebe as cargas dos pilares, não prejudicando a estrutura da edificação.

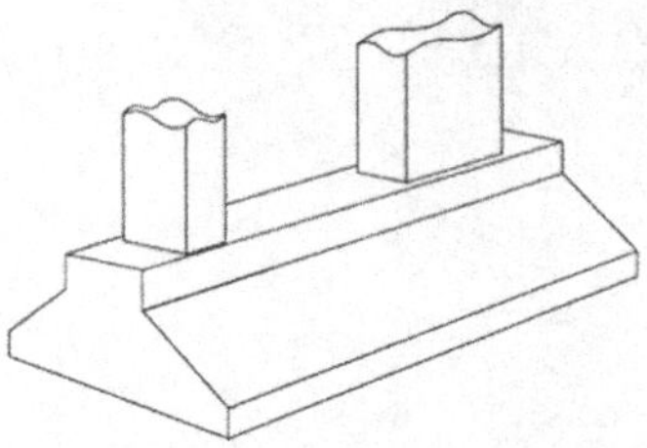

Figura 7. Sapatas associadas.
Fonte: Ferreira (2014).

Sapatas de divisa

Sapatas utilizadas junto às divisas e ao alinhamento de ruas. Nesses elementos, o centro de gravidade do pilar não coincide com o centro de gravidade da sapata (Figura 8).

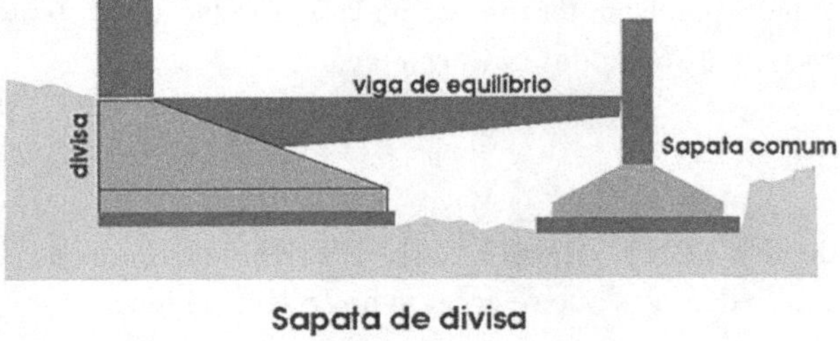

Figura 8. Sapata de divisa.

Radier

Tipo de fundação similar a uma placa, abrange toda a área de construção e tem contato direto com o terreno (Figura 9). As paredes e os pilares de uma edificação transmitem as cargas ao solo através do radier. Os radiers podem ser produzidos em concreto armado, protendido ou em concreto reforçado com fibras de aço.

Figura 9. Radier

Fonte: yoshi0511/Shutterstock.com.

O radier é uma solução cara e com nível alto de dificuldade para execução em terrenos urbanos confinados. Esse elemento é escolhido para fundações de edificações de pequeno porte, pois é a indicação que fica mais viável economicamente. Para terrenos em que o solo não é rígido, o radier é indicado, pois solos frágeis precisam ter uma camada de fundação resistente para que suas cargas sejam distribuídas uniformemente.

Grelhas

Não definido pela ABNT NBR 6122:2010. Elemento de fundação constituído por um conjunto de vigas que se cruzam nos pilares (Figura 10).

Figura 10. Grelha.

Fonte: Funda Solos (2017).

As grelhas simples são usadas quando o terreno é resistente para absorver, com segurança, os esforços de tração, compressão. As grelhas podem ser de dois diferentes tipos: grelhas do tipo A e grelhas do tipo B.

Grelhas do tipo A

Estrutura que aplica ao terreno uma pressão que varia de 1 kg/cm² a 1,2 kg/cm² (taxa de compressão na área da grelha). Esse tipo de grelha é empregado em solos de média resistência.

Grelhas do tipo B

Este tipo de grelha aplica ao terreno uma pressão que varia de 2 kg/cm² a 2,5 kg/cm² (taxa de compressão da grelha no solo). É utilizado para solos resistentes.

Métodos construtivos das fundações diretas

Sapata isolada de concreto

Para a construção de uma sapata isolada, os seguintes passos são aplicados:

1. Para execução de um concreto "pobre" (concreto com baixo consumo de cimento), utiliza-se forma de rodapé, com folga de 5 cm.
2. Marcação de um gabarito de locação para o posicionamento das formas.
3. Preparo da superfície.
4. Colocação de armadura.
5. Posicionamento do pilar.
6. Controle da declividade do concreto com guia de arame.
7. Concretagem, utilizando-se vibração manual.

Na Figura 11, apresenta-se a armadura de tração da sapata já posicionada (Figura 11a) para a posterior colocação do arranque do pilar (Figura 11b).

Figura 11. Armadura para a produção da sapata isolada.
Fonte: HG (2012a).

Sapata corrida de concreto

Para a construção de uma sapata corrida, os seguintes passos são aplicados:

1. Abertura da vala (Figura 12): a profundidade deve ser superior a 0,4 m. Se o terreno apresentar declives, a vala deve ter formato de degraus.

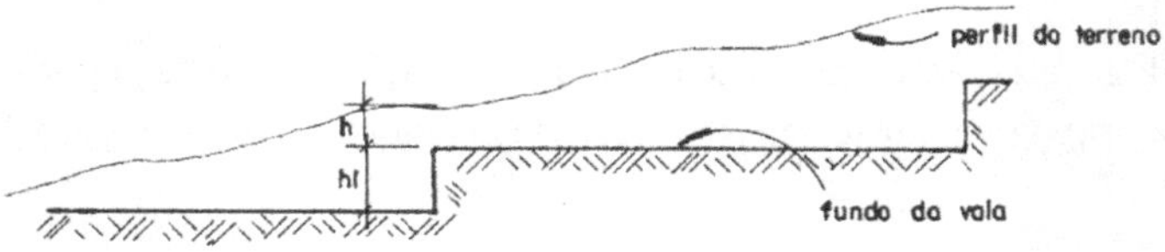

Figura 12. Abertura da vala.
Fonte: Barros (2009).

2. Apiloamento.
3. Lastro de concreto: o traço utilizado para uma camada de concreto é de 1:3:6 ou 1:4:8 e espessura com, no mínimo, 5 cm.
4. Assentamento de tijolos.
5. Cinta de amarração: a impermeabilização é feita sobre a cinta e o assentamento do tijolo é feito com um traço de argamassa 1:3.
6. Reaterro das valas: o reaterro deve ser feito com camadas de no máximo 0,2 m bem compactadas.

Na Figura 13, está representada a produção da armadura e o preenchimento desta com concreto para a obtenção da sapata corrida.

Figura 13. Armadura e concretagem de uma sapata corrida.
Fonte: Fundações do Tipo Sapata (2017).

Radier

As seguintes considerações devem ser observadas na execução desta fundação:

1. Executar um escoramento adequado durante a escavação das valas.
2. Apiloamento (regularização e compactação da vala).
3. Executar o lastro, para melhor distribuir as cargas.
4. Determinar um sistema de drenagem quando necessário.
5. Construção da cinta de amarração.
6. Impermeabilização da fundação (Figura 14).

Figura 14. Fundação radier.
Fonte: HG (2012b).

Saiba mais

O radier tem uma camada de brita de 7 cm que permite fazer o nivelamento fino do terreno e evitar o contato da armação com o solo. Sobre ela, coloca-se uma lona, que evita que o concreto fresco se misture com a brita.

Cálculo de tensão no solo

Nos projetos de engenharia, é de extrema importância o conhecimento do estado de tensões em pontos do solo, antes e depois da construção de uma edificação. Cada tipo de solo influencia de uma maneira diferente as tensões; existem seis diferentes tipos de solos: areia fofa, areia densa, argila de baixa plasticidade, argila muito plástica, argila pré-adensada e solos compactados.

Tensões geostáticas

As tensões geostáticas são as tensões iniciais do solo e compreendem as tensões devido ao seu peso próprio e à propagação de cargas externas aplicadas ao terreno.

Na Figura 15, tem-se um exemplo de um perfil geotécnico, em um terreno horizontal, sem variação do solo e carregamento externo. Quando a superfície do terreno for horizontal, em um elemento de solo situado a uma profundidade "z" da superfície, não existirá tensões cisalhantes; com isso, esses serão os planos principais de tensões.

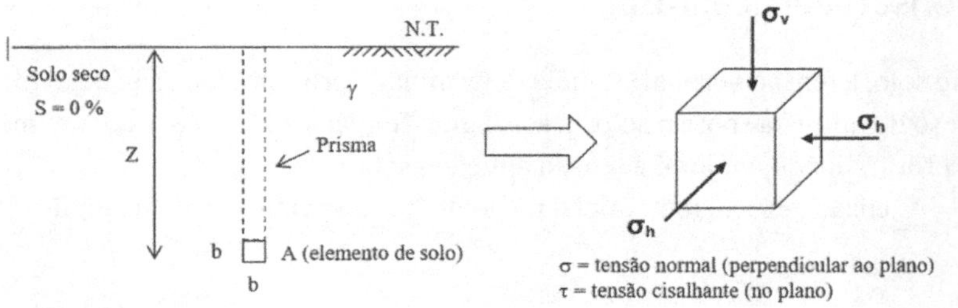

Figura 15. Perfil geotécnico.
Fonte: Engenharia Civil (2013).

A tensão normal vertical inicial (σv_o) no ponto "A" é obtida considerando o peso do solo acima do ponto "A" dividido pela área.

$$\sigma v_0 = \frac{W}{A} = \frac{(\gamma \cdot b^2 \cdot z)}{b^2} = \gamma \cdot z$$

Onde:
$W = \gamma \cdot V$ (peso do prisma)
$V = b^2 \cdot z$ (volume do prisma)
$A = b^2$ (área do prisma)
γ = peso específico natural do solo

Água no solo

O ingresso de água no solo, através de infiltração no terreno, permite o desenvolvimento de lençóis freáticos, gerando tensões desses sobre o solo. Para calcular a pressão da água sobre o solo, tem-se:

$$u0 = \gamma W \cdot zW$$

Onde:
u0 = pressão neutra
γW = peso específico da água
zW = profundidade em relação ao nível da água.

Tensão vertical total

No solo, a tensão vertical em uma determinada profundidade se dá devido ao peso do que está sobre o solo: grãos, água, fundação. Com isso, quanto maior a profundidade, maior é a tensão aplicada sobre ela.

A tensão vertical total inicial no ponto "A" do perfil de solo da Figura 16 é:

$$\sigma 0 = \gamma \cdot Z1 + \gamma sat \cdot Z2$$

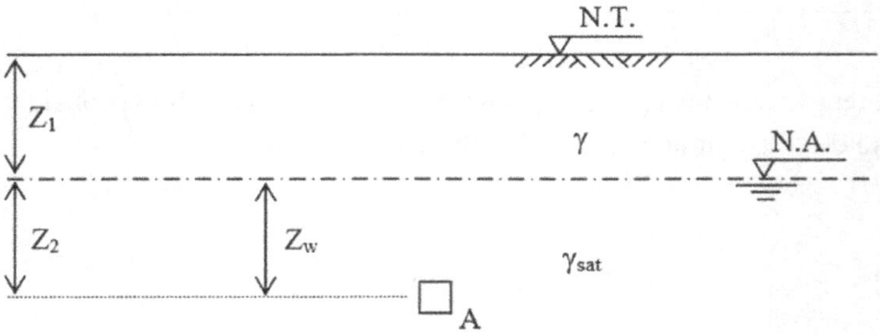

Figura 16. Perfil de solo.

Fonte: Engenharia Civil (2013).

Tensões efetivas

Os efeitos da variação da tensão, como compressão, cisalhamento e distorções, ocorrem devido às variações da tensão efetiva associadas ao deslocamento efetivo do solo.

Solos saturados

Nos solos saturados (S = 100%), parte das tensões normais é suportada pelo esqueleto sólido (grãos) e parte pela fase líquida (água); portanto, tem-se que:

$$\sigma = \sigma' + u$$

Onde:
σ = tensão total
σ' = tensão efetiva
u = pressão neutra

Solo não saturados

Para solos com 0 < S (grau de saturação) < 100 e que terão, em seus vazios, dois fluídos, geralmente ar e água; com isso, para calcular a tensão, tem-se:

$$\sigma' = \sigma - uar + \chi\,(uar - uw)$$

Onde:
uar = pressão na fase gasosa
uw = pressão na fase líquida
χ = coeficiente que varia de 0 (solos secos) a 1 (solos saturados).

Saiba mais

Para saber mais sobre as pressões e tensões no solo leia o texto "Pressões e tensões no solo" (ENGENHARIA CIVIL, 2013).

Exemplo

Calcule as tensões total, neutra e efetiva para os pontos assinalados na imagem abaixo.

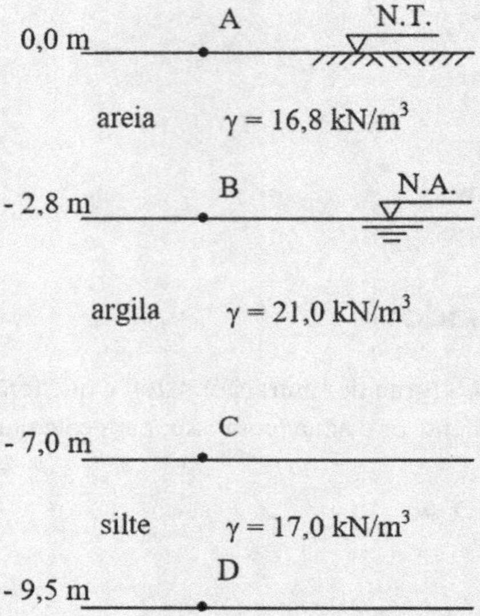

Pontos	Profundidade (m)	Tensão total (kN/m^2) $\sigma v0 = \gamma\ z1 + \gamma sat \cdot z2$	Pressão neutra (kN/m^2) $u0 = \gamma w \cdot zw$	Tensão efetiva (kN/m^2) $\sigma' v0 = \sigma v0 - u0$
A	0	0	0	0
B	2,8	16,8 • 2,8= 47	0	47 - 0 = 47
C	7	47 + 21 • 4,2 = 135,2	4,2 • 10 = 42	135 - 42 = 93,2
D	9,5	135 + 17 • 2,5 = 177,7	42 + 10 • 2,5 = 67	177,5 - 67,5 = 110,7

Exercícios

1. Um engenheiro de obra verificou um problema de projeto na planta de uma edificação de grande porte: pilares muito próximos entre si. Com isso, ele precisa indicar ao mestre de obra um tipo de fundação mais correta para não acarretar problema estrutural devido à proximidade dos pilares. Com essa informação, assinale a alternativa que contém a fundação correta:
   a) Radier.
   b) Sapata associada.
   c) Sapata corrida.
   d) Sapata de divisa.
   e) Bloco.
2. No esquema mostrado na figura abaixo, considere L = 50 cm, Z = 24 cm e h = 14 cm. A área do permeâmetro é de 530 cm². O peso específico da areia é de 18 kN/m³. Determine as tensões total, efetiva e neutra do esforço, respectivamente.

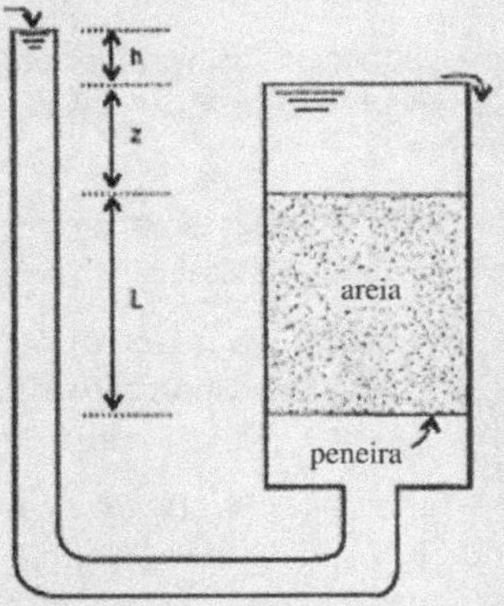

   a) 11,40 kN/m²; 8,8 kN/m²; 2,6 kN/m²
   b) 12,22 kN/m²; 5,4 kN/m²; 2,1 kN/m²
   c) 10,9 kN/m²; 8,6 kN/m²; 1,6 kN/m²
   d) 11,54 kN/m²; 8,8 kN/m²; 2,6 kN/m²
   e) 11,40 kN/m²; 8,8 kN/m²; 3,3 kN/m²
3. Para o perfil geotécnico abaixo, determine a tensão efetiva final aos 7,5 m e aos 90 m de profundidade, respectivamente.

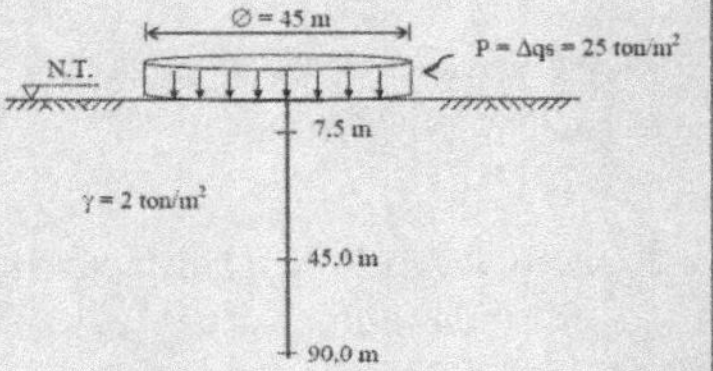

   a) 354,4 ton/m²; 217,3 ton/m²
   b) 232,6 ton/m²; 118,5 ton/m²
   c) 394,4 ton/m²; 207,3 ton/m²
   d) 295,8 ton/m²; 196,3 ton/m²
   e) 391,6 ton/m²; 222,5 ton/m²
4. Um engenheiro deve construir um sobrado de alvenaria estrutural de 180 m² de área em um terreno pantanoso em zona litorânea e de padrão médio de acabamento. Levando em consideração o ambiente e os custos, qual seria o tipo de fundação rasa ideal para este caso?
   a) Estacas pré-moldadas.
   b) Estaca Strauss.
   c) Sapata.
   d) Radier.
   e) Alicerce.
5. Um engenheiro civil deseja construir uma casa de dois pavimentos em um terreno íngreme de solo firme. Qual é o tipo de fundação adequada para essa construção?
   a) Sapata corrida.
   b) Radier.
   c) Bloco de fundação.
   d) Sapata associada.
   e) Sapata isolada.

Referências

ARRAES, N. *Infraestrutura: fundações*. [S.l.]: Natasha Arraes, 2016. Disponível em: <http://natashaarraes.com/blog/infraestrutura-fundacoes/>. Acesso em: 10 dez. 2017.

ASSOCIAÇÃO BRASILEIRA DE NORMAS TÉCNICAS. *ABNT NBR 6122:2010*. Projeto e execução de fundações. Rio de Janeiro: ABNT, 2010.

BARROS, C. *Edificações*: técnicas construtivas. [S.l.]: IFRS, 2009. Disponível em: <https://edificaacoes.files.wordpress.com/2009/10/4-mat-fundacoes.pdf>. Acesso em: 10 dez. 2017.

CAMINHO CERTO. *Vigas baldrame*: o segredo de uma casa firme. [S.l.]: Caminho Certo, 2017. Disponível em: <https://www.youtube.com/watch?v=YXGQFQOUOpY>. Acesso em: 10 dez. 2017.

COLÉGIO CETÉS. *Técnico em edificações*. [S.l.]: Colégio Cetés, 2013. Disponível em: <https://pt.slideshare.net/linduart/2013-tecnologia-construo>. Acesso em: 10 dez. 2017.

ENGENHARIA CIVIL. *Pressões e tensões no solo*. [S.l.: s.n.], 2013. Disponível em: <>. Acesso em: <https://engenhariacivilfsp.files.wordpress.com/2013/03/unidade-7-e28093--pressc3b5es-e-tensc3b5es-no-solo.pdf>. Acesso em: 10 dez. 2017.

FERREIRA, E. M. *Fundações e obras de terra*. Itabuna: FTC, 2014. Disponível em: <https://pt.slideshare.net/andreluizvicente58/fundaes-e-obras-de-terra-parte-01>. Acesso em: 10 dez. 2017.

FUNDA SOLOS. *Grelhas*. Porto Alegre: Funda Solos, 2017. Disponível em: <http://www.fundasolos.com.br/project/grelhas/>. Acesso em: 10 dez. 2017.

FUNDAÇÕES DO TIPO SAPATA. *Registro das primeiras três visitas a obra acompanhada*. [S.l.]: Fundações do Tipo Sapata, 2017. Disponível em: <http://sapata2012.blogspot.com.br/p/nossa-obra.html>. Acesso em: 10 dez. 2017.

HD, E. Fundações: radier. *Construção Civil*, 19 jan. 2012b. Disponível em: <http://construcaociviltips.blogspot.com.br/2012/01/fundacoesradier.html>. Acesso em: 12 dez. 2017.

HD, E. Fundações: sapatas isoladas em concreto. *Construção Civil*, 16 jan. 2012a. Disponível em: <http://construcaociviltips.blogspot.com.br/2012/01/fundacoes-sapatas--isoladas-em-concreto.html>. Acesso em: 12 dez. 2017.

HFC. *HFC pré-moldados*. Nova Mutum: HFC, 2017. Disponível em: <http://www.grupohfc.com.br/pre-moldados/>. Acesso em: 10 dez. 2017.

TECNISA. *Estágio da obra*. [S.l.]: Tecnisa, 2013. Disponível em: <https://www.tecnisa.com.br/imoveis/sp/sao-paulo/apartamentos/vista-verde/estagio-da-obra/201/2013/4>. Acesso em: 10 dez. 2017.

Leituras recomendadas

BASTOS, P. S. S. *Blocos de fundações*. Bauru: UNESP, 2017. Disponível em: <http://wwwp.feb.unesp.br/pbastos/concreto3/Blocos.pdf>. Acesso em: 10 dez. 2017.

LUNA, R. *Fundações para linhas de transmissão*. [S.l.]: Coluna Engenharia, 2003. Disponível em: <http://colunaengenharia.com.br/resources/LINHAS%20DE%20TRANSMISS%C3%83O%20-%20FUNDA%C3%87%C3%95ES.pdf>. Acesso em: 10 dez. 2017.

Análise e dimensionamento de blocos, sapatas (isoladas, associadas, contínuas e em divisas), vigas de equilíbrio e radier

Objetivos de aprendizagem

Ao final deste texto, você deve apresentar os seguintes aprendizados:

- Definir as dimensões dos blocos de fundação.
- Analisar as dimensões de sapatas isoladas, associadas, contínuas, em divisa e vigas de equilíbrio.
- Identificar as dimensões dos radiers.

Introdução

Neste capítulo, você aprenderá como funcionam elementos que fazem a ligação dos pilares com as fundações, chamados blocos de fundação. Esses elementos são ideais para linearizar as tensões e dividir a carga dos pilares quando ela estiver acima da capacidade resistente da estaca. Esse estudo está embasado pela ABNT NBR 6122:2010.

Você vai estudar sobre as fundações rasas do tipo sapatas isoladas e sapatas associadas, elementos que dependem de um bom tipo de solo, além de identificar e dimensionar radiers.

Definir e dimensionar blocos de fundações

Em um edifício, tem-se o trajeto que as cargas irão percorrer até se dissipar no solo e a laje que descarrega suas cargas nas vigas, as quais descarregam suas cargas nos pilares (Figura 1). Em um prédio alto, tem-se uma grande quantidade de carga; muitas vezes, uma estaca pode não suportar a carga, que deve ser dividida entre várias estacas. Esses blocos de fundação também servem para absorver as reações provindas das estacas.

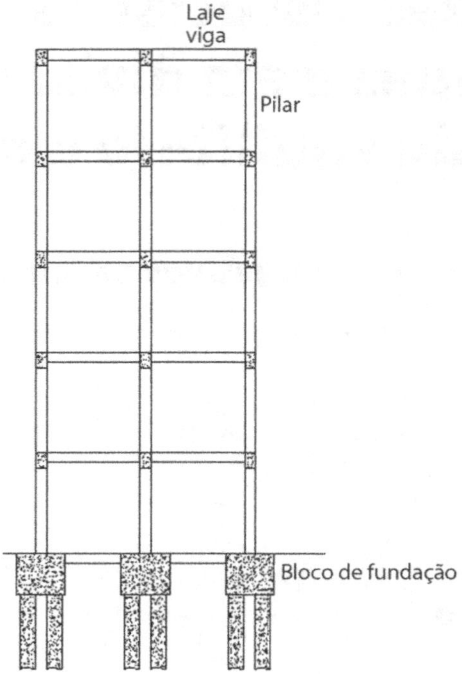

Figura 1. Distribuição das cargas em um prédio.

Existem diversos tipos de blocos de fundação, com vários formatos, de acordo com o tipo de fundação a ser executada. Geralmente, blocos têm dimensões retangulares, mas existem blocos triangulares, pentagonais e hexagonais. Na Figura 2, pode-se visualizar os diversos tipos de blocos de fundações.

Contudo, também podemos pensar em fundações do tipo bloco, que são utilizadas quando se tem cargas quase como se fossem pontuais; essa carga do pilar descarrega direto em cima do bloco.

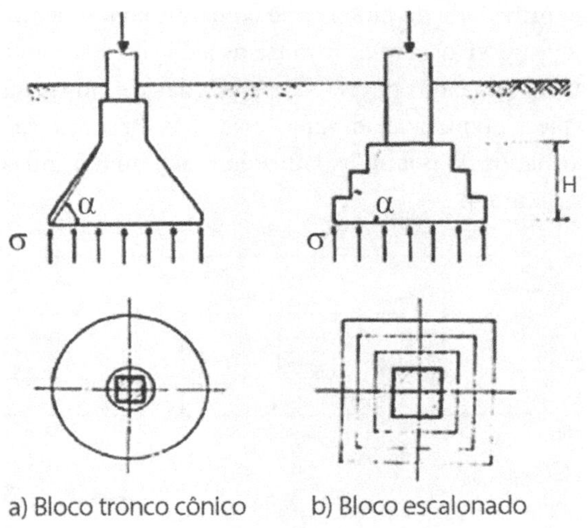

Figura 2. Diferentes geometrias de blocos de fundação.

Esses blocos podem ser executados em vários materiais, como pedra, tijolo e concreto simples ou ciclópico. Quando se utilizam armaduras com o bloco, pode-se dizer que se caracterizam como sapatas (na Figura 3, pode-se observar os diferentes tipos de blocos).

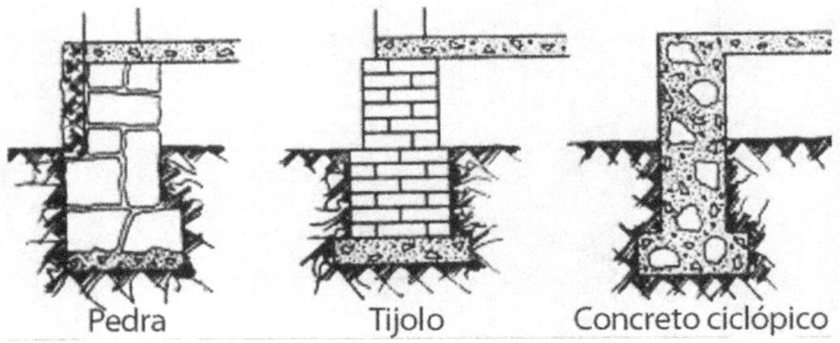

Figura 3. Diferentes tipos de blocos de fundação.

Dimensionamento dos blocos

A altura H do bloco é calculada de tal forma que as tensões de tração atuantes no concreto possam ser absorvidas, sem necessidade de armadura de aço.

O centro de gravidade do bloco deve coincidir com o centro de carga do pilar. Sempre que possível, a relação entre os lados deve ser menor ou igual a 2,5. As dimensões dos lados devem ser escolhidas de modo que os balanços em relação às faces do pilar sejam iguais nas duas direções. Assim, tem-se a relação entre os lados do pilar e os lados do bloco no mesmo sentido, o que se pode ver na Figura 4.

$CG_{pilar} = CG_{fundação}$

$\dfrac{a}{a_0} = \dfrac{b}{b_0} \leq 2,5$

$\left. \begin{array}{l} a - a_0 = 2d \\ b - b_0 = 2d \end{array} \right\} \therefore a - b = a_0 - b_0$

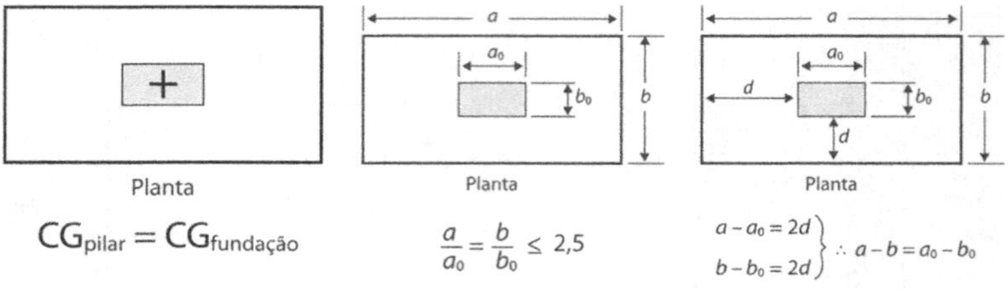

Figura 4. Relações na geometria de um bloco.

Portanto, existe uma relação entre o ângulo alfa que se cria na base do bloco e o pilar, conforme observado na Figura 5, que nada mais é que uma relação de trigonometria.

$h = \dfrac{a - a_0}{2} \mathrm{tg}\alpha$

5 cm (magro)

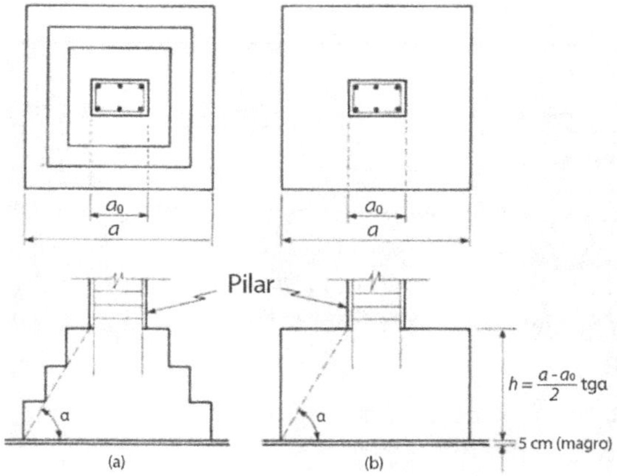

Figura 5. Relações na geometria de um bloco.
Fonte: adaptada de Universidade Federal do Ceará (2010?).

Pode-se calcular a máxima tensão transmitida ao solo somando-se o peso do pilar ao peso do bloco e dividindo-o pela área da base do bloco.

$$\sigma_s = \frac{P_{pilar}+P_{próprio}}{A_{base}} \qquad \text{(equação 1)}$$

$$\sigma_t = 0{,}06f_{ck} + 0{,}7 > 18\,MPa \qquad \text{(equação 2)}$$

Utiliza-se a relação entre $\frac{\sigma_s}{\sigma_t}$ para encontrar o ângulo da biela.

O valor do ângulo α é determinado por meio de gráfico em função da relação, conforme se observa na Figura 6.

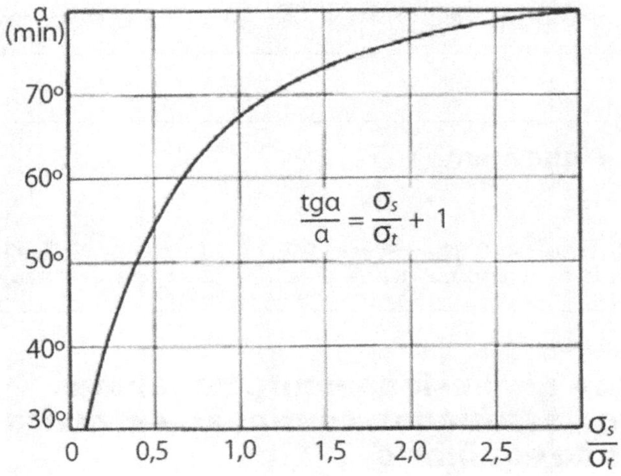

Figura 6. Ábaco para dimensionamento de bloco.

Fonte: adaptada de Laboratório de Mecânica dos Solos e Pavimentação (2010?).

Exemplo

Uma edificação tem um pilar com esforço normal no valor de 300 kN; é um pilar quadrado, com seção de 20 cm × 20 cm; será utilizado f_{ck} = 25 MPa. Para isso, pretende-se utilizar uma fundação rasa do tipo bloco com as seguintes medidas: 60 cm × 60 cm × 25 cm.

Primeiramente, deve-se calcular o peso do bloco; para isso, multiplica-se o peso específico do concreto pelas dimensões, que são 24 kN/m³ × 60 cm × 60 cm × 20 cm, chegando-se a um valor de 1,75 *kN*. Tem-se a área da sapata (3.600 cm²) somada à normal (300 kN) e pode-se calcular, desta forma, a tensão σ_s = Nd/A = 0,84 MPa. Calcula-se a tensão de tração = 2,2 MPa. Assim, pode-se calcular a relação entre σ_s/σ_t = 0,3847 e encontrar na figura um ângulo de 40°.

Desse modo, utiliza-se a fórmula h = ((a-a0)/2) tgα para encontrar a altura mínima do bloco de fundação, que é em torno de 16 cm. Com base nisso, optou-se por utilizar uma altura de 20 cm, devido ao fato de a avaliação no ábaco não ser tão precisa quanto uma equação.

Fique atento

Existe um ensaio que reproduz no campo o comportamento da fundação direta: o ensaio de cargas sobre placas, que transmite uma determinada pressão ao maciço.

Análise e dimensionamento de sapatas isoladas, associadas, contínuas, em divisa e vigas de equilíbrio

Sapatas são elementos de menor altura que os blocos e resistem principalmente à flexão. Podem ser confeccionadas em qualquer formato, sendo as mais frequentes as sapatas quadradas (A = B) e retangulares (A >> B); considera-se retangular a sapata em que L < ou = 5B.

Sapatas isoladas

Este tipo de sapata é a mais usual, transmite ações de um único pilar e podem receber ações centradas ou excêntricas. Essas sapatas podem apresentar formas quadradas, retangulares ou circulares (Figura 7) e ter a altura constante ou variável (chanfrada).

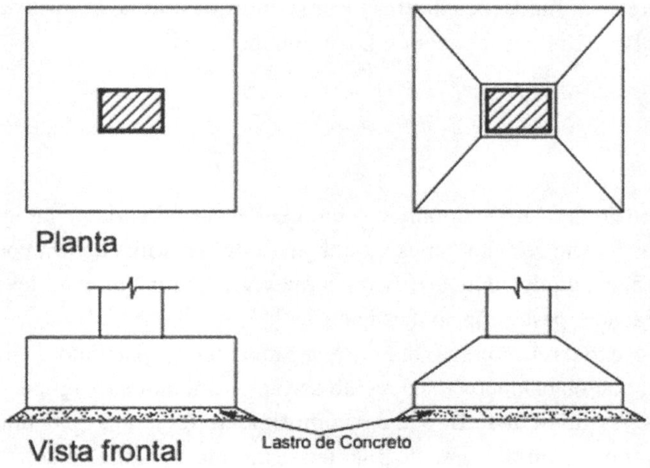

Figura 7. Sapata isolada.
Fonte: Alva (2007).

Para uma melhor compreensão, veja um exemplo prático, conforme ilustrado na Figura 8, no qual temos um pilar previamente definido com seção retangular.

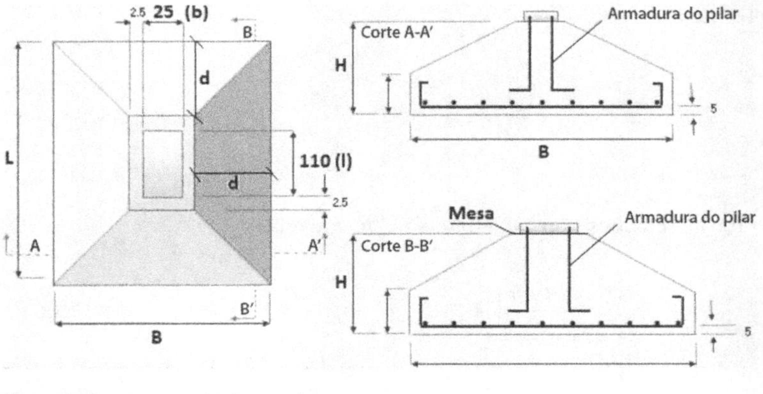

Figura 8. Funcionamento de um pilar.

Para o cálculo da sapata, deve-se seguir alguns procedimentos como encontrar a área de contato da sapata, pois sabe-se que tendo a carga (P) e tensão admissível (σ_a), fundações diretas = carga aplicada ao solo através da área de contato, B é a dimensão menor e L é a dimensão maior:

$$A = \frac{P}{\sigma_a} = B \times L \qquad \text{(equação 3)}$$

Dimensionamento econômico = momentos aproximadamente iguais nas duas abas (*d*) em relação à mesa; também pode ser utilizado um coeficiente de segurança, equivalente a 10% da carga vertical atuante, para levar-se em consideração o peso próprio da sapata.

A equação d representa o quanto a sapata aumenta partindo do pilar. Isso significa que os balanços (*d*) deverão ser aproximadamente iguais nas duas direções. Assim, tem-se B, que é o comprimento total da sapata em um dos sentidos, e b, o comprimento do pilar nesse mesmo sentido. No outro sentido, tem-se L como o comprimento total da sapata e l como o comprimento do pilar naquele sentido.

$$B = b + 2d + 5 \text{ (cm)} \qquad \text{(equação 4)}$$

$$L = l + 2d + 5 \text{ (cm)} \qquad \text{(equação 5)}$$

Dessa forma, pode-se fazer algumas operações matemáticas e, assim, subtraindo-se:

$$L - B = [l + 2d + 5] - [b + 2d + 5] \qquad \text{(equação 6)}$$

$$L - B = l - b \qquad \text{(equação 7)}$$

Outras relações úteis são dadas pelas equações:

$$L = \left[\left(\frac{l-b}{2}\right)\right] + \sqrt{A + \frac{1}{4}(l-b)^2} \qquad \text{(equação 8)}$$

Exemplo

Tem-se um exemplo de um pilar com dimensões 110 cm × 25 cm e carga $P = 3800$ kN. O solo é uma argila muito rija, com capacidade de carga entre 200 kPa e 400 kPa. Adotou-se 350 kPa.

Primeiramente, deve-se encontrar a área de acordo com a equação 03, $A = 3800/350$, chegando-se a um valor de 10,86 m².

Deve-se encontrar o l-b = 110-25 = 85 cm, que é o quanto tem-se de sapata retirando a dimensão do pilar.

Então, calcula-se L, de acordo com a equação 6:

$$L = \left[\left(\frac{0,85}{2}\right)\right] + \sqrt{10,86 + \frac{1}{4}(85)^2}$$

Chega-se a um valor de $L = 3,75$ m.

- $B = A/L = 10,86/3,75 = 2,90$ m

Sapatas associadas

Transmitem ações de dois ou mais pilares adjacentes e são utilizadas quando a distância entre as sapatas é relativamente pequena e quando as cargas estruturais forem altas em relação à tensão admissível. Nesse caso, a sapata é centrada no centro de carga dos pilares (Figura 9), procedendo-se, então, à escolha das dimensões, de maneira a obter um equilíbrio entre as proporções da viga de rigidez e os balanços da laje, visualizado na Figura 2. Observa-se que para encontrar a área da sapata somam-se as duas normais P1 e P2, dividindo-se pela tensão admissível no solo. Deve-se notar que x é a distância do eixo do pilar até o centro geométrico da sapata.

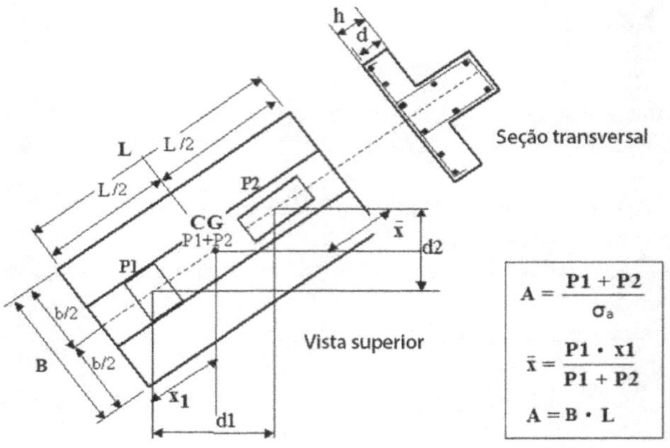

Figura 9. Sapata associada.

Sapatas de divisa

Podem ser adotadas também no caso de pilares de divisa, quando há um pilar interno próximo, não sendo necessária a utilização de vigas de equilíbrio (Figura 10). Caso necessário, a viga de rigidez também poderá funcionar como viga de equilíbrio; esta viga absorve o momento gerado pela excentricidade da sapata.

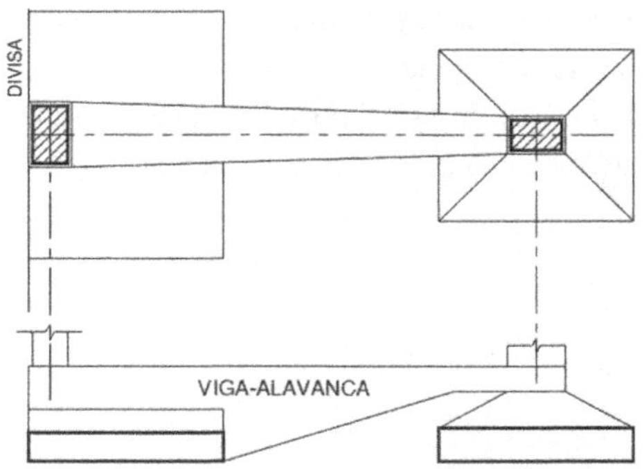

Figura 10. Sapata com viga de equilíbrio.

Fonte: Delalibera (2006).

Para o dimensionamento da sapata da divisa (Figura 11) (pilar P_A), será calculada a reação R_A, a qual não é conhecida de início, pois depende da largura da sapata. Resolve-se o problema por tentativas, considerando-se como ideal a relação "$L / B \approx 2$".

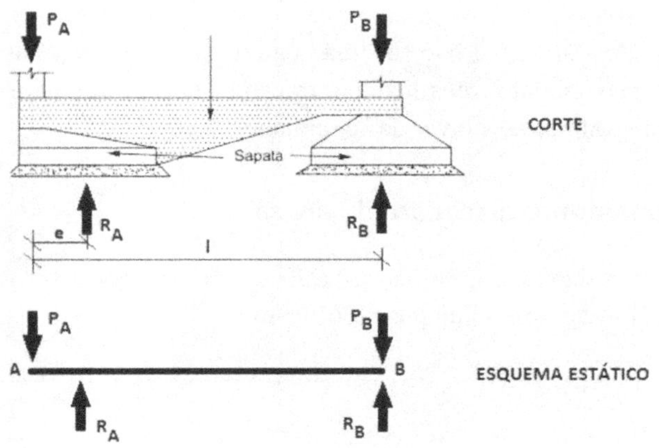

Figura 11. Dimensionamento da sapata.

Sequência de cálculo:

1. Na Figura 11, os momentos em relação a "B" serão:
   $R_A \cdot (l - e) = P_A \cdot l$
   $R_A = P_A \cdot [l / (l - e)]$
2. Adota-se um valor para $R_A = R' > P_A$, pois $[l / (l - e)]$ será sempre maior que 1;
3. Para o valor de R', adotam-se as dimensões da sapata:
   $A = R' / \sigma a = B1 \cdot L1$
4. Para o valor de $B1$ encontrado, calcula-se a excentricidade e a reação R_A1;
5. Se $R_A1 \neq R'$ adotada, refaz-se o cálculo, mantendo-se a mesma largura da sapata para não alterar a excentricidade e, consequentemente, a reação R_A1;
6. Para:
   $A = R_A1 / \sigma a$; $B = B1$ adotado
   $L = A / B1$ adotado
7. Se os valores de B e L permitirem a relação $L / B \approx 2$, as dimensões são aceitas.

Uma vez dimensionada a sapata da divisa, procede-se ao dimensionamento da sapata interna. Verifica-se que a viga alavanca tenderá a levantar o pilar PB, reduzindo a carga aplicada ao solo de um valor $\Delta P = R_A - P_A$. Na prática, esse alívio de carga não é adotado integralmente, sendo prática adotar a metade do alívio:

$$R_B = P_B - (\Delta P / 2)$$

No caso de a alavanca não ser ligada a um pilar interno, mas sim a um contrapeso ou elemento trabalhando à tração (estaca ou tubulão), o alívio é aplicado integralmente, a favor da segurança.

Dimensionamento de sapata de divisa

Considere-se as seguintes informações: *C*20, C_A-50, $N1 = 550$ kN, $N2 = 850$ kN, $\sigma adm = 0{,}02 kN/cm^2$, c = 4 cm, pilar 10ϕ12,5 mm.

Figura 12. Sapata de divisa.

Assim, tem-se $R1' = 1{,}2\ N1 = 1{,}2 \times 550 = 660$ kN
Após, deve-se estimar a área de apoio da sapata, estimando que o $kmaj = 1{,}1$

$S1' = kmaj\ R1' / \sigma adm = 1{,}1 \times 660/0{,}02 = 36.300\ cm^2$
Largura da sapata

$$B1' = \sqrt{\frac{S1'}{2}} = 135cm$$

$$e1' = \frac{b1'}{2} - \frac{bpl}{2} = 50cm$$

$$R1'' = N1 \frac{z}{z - e1'} = 628{,}6kN$$

$$S1 = kmaj \frac{R1''}{\sigma adm} = 34573cm^2$$

Assim, chega-se a um valor de:

$$A1 = \frac{S1}{B1} = 256{,}1cm \rightarrow 260cm$$

Saiba mais

A sapata associada deve ser evitada sempre que possível, pois distorce o formato lógico das sapatas.

Identificação e dimensionamento de radiers

O **radier**, ou laje de fundação, é um elemento de fundação superficial apoiada no solo e é constituído por uma placa rígida que recebe todas as cargas da edificação e as transmite de maneira uniforme ao solo. Esse elemento é indicado quando um pré-dimensionamento de sapatas, considerando-se a capacidade de suporte do solo, resulta em dimensões tais que os elementos ficam muito próximos uns dos outros; quando se deseja uniformizar os recalques e quando a área total de fundação ultrapassa metade da área de construção, visualiza-se um radier (Figura 13). Quando se dimensiona um radier, deve-se observar as cargas; pode-se utilizar radiers sem armação, mas as tensões de tração devem ser suportadas pelo concreto.

Figura 13. Radier com a armadura.

Fonte: yoshi0511/Shutterstock.com.

Dimensionamento do radier

O dimensionamento do radier é similar ao da laje, com a diferença de que o radier está lançado diretamente sobre o solo. O lançamento do radier deve ser de acordo com o porte da estrutura, de forma que os esforços solicitantes no elemento possam ser suportados.

Existem diferentes métodos para o dimensionamento estrutural de radiers, como, por exemplo: método estático; sistema de vigas sobre base elástica; método das diferenças finitas; métodos dos elementos finitos. Abordaremos neste texto o método estático.

Método estático

Admite-se que a distribuição da pressão de contato varia linearmente sob o radier rígido ou que as pressões são uniformes nas áreas de influência dos pilares (radiers flexíveis). Este método é utilizado apenas para o cálculo dos esforços internos na fundação, pois considera apenas o equilíbrio da reação do terreno e das cargas atuantes.

Utiliza-se esse método para cálculo de radiers nervurados e em caixão, que apresentam grande rigidez relativa.

Para o dimensionamento, os seguintes passos são seguidos:

1. Determinar a área de influência de cada pilar (A);
2. Calcular a pressão média nessa área;

$$q = \frac{Q}{A}$$

3. Determinar uma pressão média atuando nos painéis;
4. Calcular os esforços nas lajes e vigas e as reações nos apoios; se essas reações forem muito diferentes das cargas nos pilares, devem ser redefinidas as pressões médias nos painéis.

Link

Acesse o link ou código a seguir para ler um artigo sobre a fundação tipo radier.

https://goo.gl/Cey31N

Exercícios

1. Em uma obra de uma casa de dois pavimentos, deseja-se utilizar a fundação do tipo bloco. Em relação aos tipos de fundações rasas, quais detalhes deve-se saber?
   a) Esse tipo de fundação deve ser empregado em solos sem muita resistência, pois penetra em camadas profundas.
   b) No dimensionamento deve ser considerado a normal do pilar, a normal do bloco e a área de contato do bloco com o solo.
   c) Blocos de fundação devem ter armaduras para resistir aos esforços de tração.
   d) O centro de gravidade do pilar não precisa coincidir com o centro de gravidade do bloco.
   e) Esse tipo de fundação só pode ser executado com uma geometria do tipo cubo.
2. Quando se tem uma edificação com dois pilares próximos com cargas altas, existem diversas maneiras de proceder em relação às fundações. Contudo, devido aos custos, deseja-se executar sapatas. Quais informações são relevantes para a implementação da sapata?
   a) Pode-se utilizar sapatas associadas, que são apropriadas para pilares com cargas altas. Assim, pode-se utilizar vigas de rigidez para equilibrar as cargas em duas sapatas.
   b) Não é preciso somar as duas normais, provindas dos pilares, para o cálculo da área.
   c) Pode-se utilizar sapatas isoladas convencionais, sem a necessidade de outra sapata para suportar a carga.
   d) Pode-se utilizar blocos convencionais, mesmo que a carga não esteja centrada.
   e) Pode-se utilizar estacas pré-moldadas, que são fundações do tipo rasas.
3. Para uma camada de solo com tensão admissível de 0,25 MPa, a sapata mais econômica a ser dimensionada, sabendo que um pilar tem carga de 4 000 kN e dimensões 60 cm × 60 cm, é a:
   a) quadrada, de lado igual a 2,0 m.
   b) retangular, com lados de comprimento 2,0 m e 3,0 m.
   c) quadrada, de lado igual a 4,0 m.
   d) retangular, com lados de dimensões 1,0 m e 3,0 m.
   e) quadrada, de lado igual a 6,0 m.
4. Considere os dados a seguir para o dimensionamento de uma sapata:
   I. Pilar de 55 × 55 cm
   II. Carga do pilar: 3840 kN
   III. Tensão admissível do solo que será a camada de apoio da sapata: 0,24 MPa

   Para o dimensionamento economicamente mais viável, a sapata deverá ter área:
   a) quadrada, de lado igual a 4,0 m.
   b) retangular, com balanços iguais e lados de dimensões 5,5 m e 2,4 m.
   c) retangular, com balanços diferentes e lados de comprimento 2,2 m e 3,5 m.
   d) quadrada, de lado igual a 1,26 m.
   e) quadrada, de lado igual a 5,5 m.
5. Quando se estuda fundações rasas, pode-se utilizar, dependendo

da situação, radiers. Em que situações um engenheiro deve pensar nesse tipo de fundação?

a) Quando as sapatas estão muito afastadas e, assim, utiliza-se um radier para uniformizar as tensões.
b) Quando os elementos de fundação estão muito próximos uns dos outros e, assim, pode-se uniformizar os recalques.
c) Quando a área da fundação representa apenas uma pequena parcela da área total da fundação.
d) Quando se dimensiona um radier, deve-se ter em mente que ele deve conter obrigatoriamente armadura.
e) No caso de dimensionamento de um radier, deve-se observar que as cargas não são distribuídas uniformemente para o solo.

Referências

ALVA, G. M. S. *Projeto estrutural de sapatas*. Santa Maria: UFSM, 2007. Disponível em: <http://coral.ufsm.br/decc/ECC1008/Downloads/Sapatas.pdf>. Acesso em: 24 jan. 2018.

ASSOCIAÇÃO BRASILEIRA DE NORMAS TÉCNICAS. *ABNT NBR 6122:2010*. Projeto e execução de fundações. Disponível em: <http://edificios.eng.br/NBR%206122-2010.pdf>. Acesso em: 24 jan. 2018.

BIZERRIS, R. Tipos de fundação: blocos e alicerces. *Blog Construir*, 07 out. 2013. Disponível em: <http://blog.construir.arq.br/tipos-fundacao-blocos-alicerces/>. Acesso em: 24 jan. 2018.

DELALIBERA, R. G. *Introdução estruturas de fundações*. São Carlos: UNILINS, 2006. Disponível em: <http://www.ebah.com.br/content/ABAAABsgwAH/apostila-introducao-estruturas-fundacoes>. Acesso em: 24 jan. 2018.

UNIVERSIDADE FEDERAL DO CEARÁ. Laboratório de Mecânica dos Solos e Pavimentação. *Fundações diretas*. Fortaleza: UFC, [2010?]. Disponível em: <http://www.lmsp.ufc.br/arquivos/graduacao/fundacao/apostila/03.pdf>. Acesso em: 24 jan. 2018.

Leituras recomendadas

DÓRIA, L. E. S. *Projeto de estrutura de fundação em concreto do tipo radier*. 2007. 108 f. Dissertação (Mestrado em Engenharia Civil – Estruturas) – Programa de Pós-Graduação de Engenharia Civil, Centro de Tecnologia, Universidade Federal de Alagoas, Maceió, 2007. Disponível em: <http://ctec.ufal.br/posgraduacao/ppgec/dissertacoes_arquivos/Dissertacoes/Luis%20Eduardo%20Santos%20Doria.pdf>. Acesso em: 24 jan. 2018.

DÓRIA, L. E. S.; LIMA, F. B. Análise de fundação tipo radier empregando o modelo de analogia de grelha. In: CONGRESSO BRASILEIRO DO CONCRETO, 50., 2008, Salvador. *Anais*... Salvador: IBRACON, 2008. Disponível em: <http://coral.ufsm.br/decc/ECC840/Downloads/Analogia_Grelha_Radier.pdf>. Acesso em: 24 jan. 2018.

Ruptura externa e interna em fundações diretas

Objetivos de aprendizagem

Ao final deste texto, você deve apresentar os seguintes aprendizados:

- Definir os conceitos de ruptura interna em fundações diretas.
- Reconhecer os conceitos de ruptura externa em fundações diretas.
- Determinar a capacidade de carga dos solos em fundações diretas.

Introdução

De acordo com a ABNT NBR 6122:1996, as fundações diretas ou superficiais são aquelas em que a carga é transmitida ao solo, predominantemente pelas tensões distribuídas sob a base do elemento estrutural de fundação, estando assente a uma profundidade inferior a duas vezes o valor da menor dimensão do elemento estrutural da fundação. Os elementos de fundação superficial que se enquadram nesta definição são: sapatas, radier, vigas e blocos.

Neste capítulo, você vai compreender que as fundações diretas apresentam rupturas de diferentes tipos: externas e internas. As rupturas externas ocorrem por ruptura do solo, quando a carga na fundação excede a capacidade resistiva do solo; e a ruptura interna, quando se criam internamente diferentes esforços que podem levar ao colapso.

Fundações diretas

Fundações diretas são também conhecidas como fundações rasas ou superficiais. Nesse tipo de fundação, a carga é transmitida diretamente ao terreno pela base da fundação. São fundações em que a profundidade não está inferior a 3 m de acordo com a ABNT NBR 6122:1996. São exemplos de fundações diretas as sapatas, os blocos, as sapatas associadas, os radiers e as vigas de fundação.

As sapatas são dimensionadas para que as tensões de tração sejam resistidas pela armadura. Os blocos são dimensionados para que as tensões de tração sejam absorvidas pelo próprio bloco. Já os radiers são um tipo de fundação que abrange todos os pilares da edificação, dividindo-se em radier parcial, que também é conhecido como sapata isolada. A viga contínua é um tipo de fundação em que se tem vários pilares interconectados. Finalmente, a sapata corrida é um elemento que está sujeito à ação de uma carga distribuída linearmente (MARANGON, 2009a).

As cargas que um elemento estrutural recebe, como uma viga ou um pilar, criam internamente diferentes esforços que podem levar ao colapso, se excedida a capacidade de carga do elemento. Essas cargas também percorrem um trajeto até a ligação da supraestrutura com as fundações, posteriormente descarregando nas fundações. O rompimento nessas regiões da estrutura é caracterizado como ruptura interna.

Contudo, por excesso de carga, a ruptura pode ocorrer no solo, quando sua resistência ao cisalhamento é superada, provocando um desequilíbrio de tensões que podem ocasionar recalques substanciais. Se continuar a exceder a capacidade resistiva, pode ocorrer a ruptura. Nessas situações, é preciso levar em consideração diversos fatores, pois cada solo tem um comportamento diferente: solos arenosos se comportam diferente de solos argilosos, por exemplo (MIRANDA, 2010?).

Ruptura interna

Toda supraestrutura é formada por vínculos que conectam os diversos elementos. Esses vínculos e elementos têm certa capacidade de deformação e de deflexão, que devem ser sempre respeitados.

Na prática

Veja em realidade aumentada a distribuição de cargas em um prédio.

Note que as cargas das lajes e o sobrepeso das estruturas se distribuem entre as vigas e os pilares, que por sua vez são descarregados nas fundações. As fundações são responsáveis pela dissipação destas tensões no solo por meio dos bulbos de tensão.

Aponte para o QR code ou acesse o *link* **http://goo.gl/wX1BCh** para ver o recurso.

Desta forma, quando os movimentos de uma estrutura superam a capacidade física dos seus vínculos, ou quando a deformação de algum elemento da supraestrutura é superior à deformação máxima que ele pode suportar, pode ocorrer colapso do sistema. Essas deformações e deflexões podem ser causadas por diversas formas, como ventos, vibrações, excesso de carga e também recalques diferenciais nas fundações. Assim, uma movimentação externa pode colapsar a estrutura.

Um recalque pode causar instabilidade interna, levando ao colapso, e a escolha do tipo de fundação pode causar esse problema. Uma fundação superficial com grandes cargas, por exemplo, pode ter grandes recalques em razão de o solo não suportar a carga excessiva. Contudo, fundações profundas concentram mais cargas e isso também pode gerar situações desfavoráveis (MARANGON, 2009a).

Ruptura externa

O processo de ruptura externa acontece por ruptura do solo, a carga na fundação excede a capacidade resistiva do solo, levando ao colapso. Para entender como é o comportamento dos solos, se deve fazer investigações geotécnicas, que contribuirão para se entender os tipos de solos.

As fundações rasas têm uma máxima carga que podem absorver com segurança e dissipar no solo. À medida que se aumenta o carregamento nas periferias da fundação, criam-se concentrações de tensões no solo (MIRANDA, 2010?).

Na Figura 1, observa-se onde se criam zonas plásticas em uma fundação, e são três estágios de deformação até se alcançar a carga última, que é caracterizada como a carga onde se tem comportamento plástico com recalque irreversível, sendo que a velocidade do recalque cresce continuamente até a ruptura (MIRANDA, 2010?).

Na fase I, tem-se um comportamento elástico, no qual o recalque w, que pode ser visto no canto da fundação, é proporcional à carga Q empregada na fundação.

Na fase II, na qual já se encontra a fase plástica, o deslocamento w (recalque) é irreversível e se tem deslocamento mesmo sem variar a carga Q (MIRANDA, 2010?). A fase III é a continuação da fase II, sendo que a velocidade do recalque cresce continuamente até a ruptura.

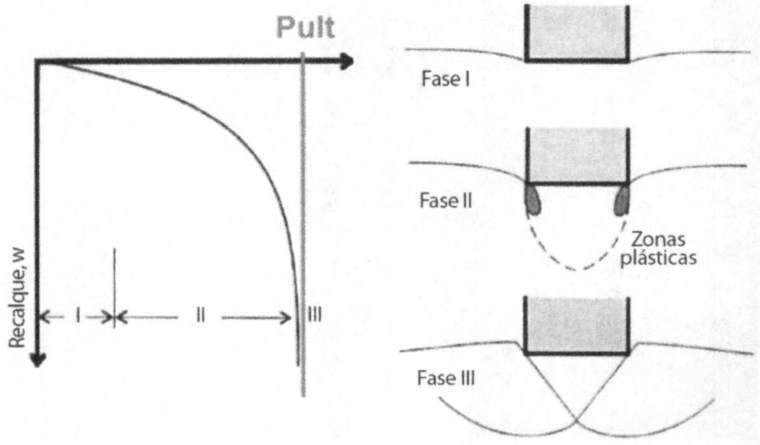

Figura 1. Aumento das tensões no solo em razão de uma sapata.
Fonte: adaptada de Bittencourt (2017?).

Fique atento

Rankine e Terzaghi formularam a maioria das teorias em relação às tensões que se desenvolvem no solo. Suas teorias devem ser estudadas com atenção para reconhecer como se desenvolvem os empuxos.

Determinação da capacidade de carga dos solos em fundações diretas

Entender como é a capacidade de carga de um solo é de suma importância para avaliar o comportamento dos solos e poder projetar uma fundação com a segurança necessária para evitar manifestações patológicas.

As tensões são distribuídas no solo de acordo com o bulbo de tensões. Assim, criam-se linhas de tensões que têm o mesmo valor e que têm o comportamento conforme a Figura 2; também podem ser classificadas como curvas isobáricas (PINTO, 2006).

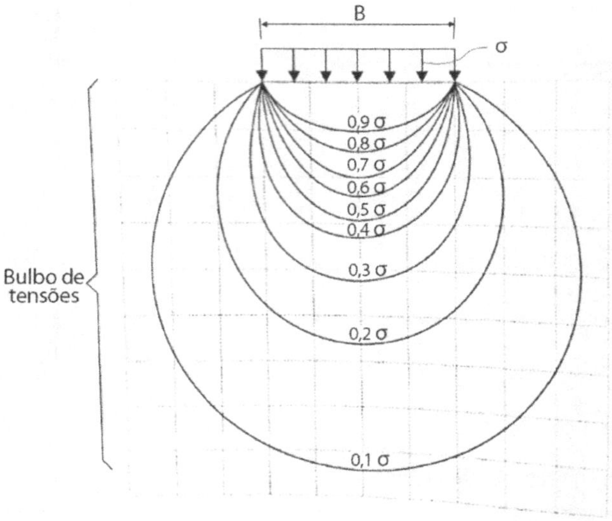

Figura 2. Bulbo de tensões.

Fonte: adaptada de Moura (2016).

Capacidade de carga de ruptura ou capacidade de carga limite

A capacidade de carga depende diretamente da ruptura e da deformação do solo. Existem dois tipos de rupturas: a frágil (generalizada), Figura 3, e a dúctil (localizada), Figura 4.

Cada fundação solicita uma carga no solo, e quando o solo chega no seu limite, ocorre ruptura do terreno, que desliza sensivelmente; isso é definido como ruptura frágil. A ruptura também pode ocorrer quando o solo se desloca excessivamente, causando ruptura plástica ou localizada (MARANGON, 2009a).

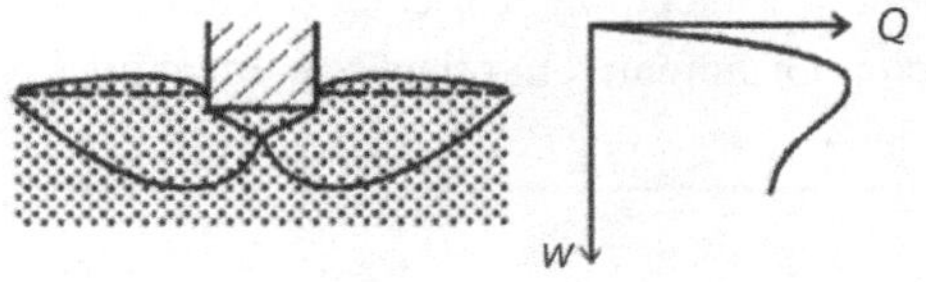

Figura 3. Ruptura generalizada.
Fonte: adaptada de Miranda (2010?).

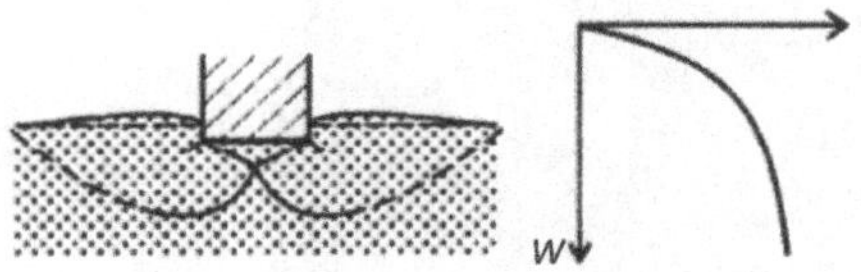

Figura 4. Ruptura localizada.
Fonte: adaptada de Miranda (2010).

Capacidade de carga de segurança à ruptura

Q_{seg} é a maior carga que o solo pode absorver com segurança, utilizando os mesmos preceitos de resistência dos materiais, utiliza-se a carga de ruptura dividida por um fator de segurança, logo, tem-se a equação 1.

$$Q_{seg} = \frac{Q_r}{FS} \qquad \text{equação 1}$$

Onde:

FS = fator de segurança que deve ser utilizado.

Os coeficientes de segurança devem ser utilizados em razão das incertezas no cálculo em fundação.

Q_{adm} é a maior carga transmitida pela fundação admitida pelo solo, que da mesma forma deve ser considerada um coeficiente de segurança.

Na Figura 5, tem-se uma curva de recalque com ruptura do tipo frágil, em que se mostra o comportamento em relação ao recalque.

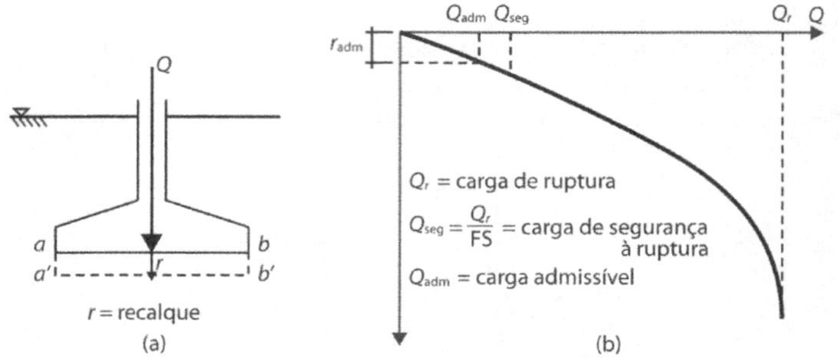

Figura 5. Ruptura do tipo frágil.
Fonte: Marangon (2009, p. 180).

Quando se trabalha com fundações diretas, utiliza-se a carga Q dividida pela área da sapata, como pressões médias. Essa média se deve ao fato de que as pressões podem não ser iguais em toda a base da sapata, assim, utiliza-se a média. Deve-se verificar que essa pressão média não deve ultrapassar a tensão admissível (equação 2) (MARANGON, 2009a).

$$p = \frac{Q}{área.base} = \frac{Q}{BxL} \qquad \text{equação 2}$$

Quando se tem um carregamento não uniforme em uma fundação rasa, pode-se ter recalques diferentes, que podem se tornar mais problemáticos em uma fundação do que recalques uniformes que não são tão problemáticos. Quando se tem um recalque diferente na estrutura, as deflexões são diferentes e, assim, a estrutura pode não suportar essas diferenças de movimentação (MIRANDA, 2010?).

Pressão de ruptura

A pressão de ruptura é a pressão que causa a ruptura do solo. Essa ruptura pode não ser só em relação ao colapso final, mas também quando as pressões geram deformações excessivas ao solo. Contudo, quando se calcula a fundação, deve-se adotar um coeficiente de ruptura (MARANGON, 2009a).

Em relação à segurança, existem diferentes coeficientes de ruptura de acordo com os diferentes tipos de solo. Veja no Quadro 1, a seguir, alguns fatores que devem ser seguidos.

Quadro 1. Fatores que influenciam o coeficiente de segurança.

<table>
<tr><th rowspan="2">Fatores que influenciam a escolha do coeficiente de segurança</th><th colspan="3">Coeficiente de segurança</th></tr>
<tr><th colspan="2">Pequeno</th><th>Grande</th></tr>
<tr><td>Propriedades dos materiais</td><td colspan="2">Solo homogêneo
Investigações geotécnicas amplas</td><td>Solo não-homogêneo
Investigações geotécnicas escassas</td></tr>
<tr><td>Influências exteriores, tais como água, tremores de terra, etc.</td><td colspan="2">Grande número de informações, medidas e observações disponíveis</td><td>Poucas informações disponíveis</td></tr>
<tr><td>Precisão do modelo de cálculo</td><td colspan="2">Modelo bem representativo das condições reais</td><td>Modelo grosseiramente representativo das condições reais</td></tr>
<tr><td>Consequências em caso de acidente</td><td>Consequências financeiras limitadas e sem perda de vidas humanas</td><td>Consequências financeiras consideráveis e risco de perda de vidas humanas</td><td>Consequências financeiras desastrosas e elevadas perdas de vidas humanas</td></tr>
</table>

Fonte: adaptado de Marangon (2009, p. 132).

Veja, ainda, o Quadro 2, a seguir.

Quadro 2. Valores de fatores de segurança a considerar.

Categoria	Estruturas típicas	Características de categoria	Prospecção	
			Completa	Limitada
A	Pontes ferroviárias Alto-fornos Estruturas hidráulicas Muros de arrimo Silos	Provável ocorrer as máximas cargas de projeto; consequências de ruptura são desastrosas.	3,0	4,0
B	Pontes rodoviárias Edifícios públicos Indústrias leves	As máximas de cargas de projeto apenas eventualmente podem ocorrer; consequências de ruptura são sérias.	2,5	3,5
C	Prédios de escritórios e/ou apartamentos	Dificilmente ocorrem as máximas cargas de projeto.	2,0	3,0

Fonte: adaptado de Marangon (2009, p. 182).

Para se calcular as tensões verticais, deve-se avaliar a profundidade do terreno, o peso específico do material e a poropressão existente no local.

Quando se avalia a capacidade de carga, pode-se utilizar metodologias semiempíricas e metodologias teóricas. Existem duas teorias muito aceitas para a teoria de Rankine e para a teoria de Terzaghi.

Teoria de Rankine

Esta teoria é muito utilizada para solos não coesivos, preconizando que pressões ativas são quando o solo se expande, enquanto pressões passivas são quando o solo se contrai.

Esta teoria baseia-se nas seguintes hipóteses de comportamento do solo: o solo isotrópico, solo homogêneo, supõe que a superfície do terreno é plana e a ruptura do solo ocorre em todos os pontos do maciço ao mesmo tempo.

Assim, tem-se as tensões ativas designadas pela equação 3.

$$\sigma_h = p_r . k_a \qquad \text{equação 3}$$

onde:
k_a = coeficiente de empuxos ativos, de acordo com a equação 4:

$$k_a = tg^2\left(45° - \frac{\varphi}{2}\right) \qquad \text{equação 4}$$

onde:
φ = ângulo de atrito interno do solo obtido do ensaio triaxial.

Pode-se calcular também o coeficiente de empuxos passivos de acordo com a equação 5.

$$k_p = tg^2\left(45° + \frac{\varphi}{2}\right) \qquad \text{equação 5}$$

Assim, pode-se calcular o empuxo ativo de acordo com a equação 6.

$$Ea = \frac{1}{2} K.\gamma.h^2 \qquad \text{equação 6}$$

Assim, pode-se calcular o empuxo passivo de acordo com a equação 7.

$$Ep = \frac{1}{2} K.\gamma.h^2 \qquad \text{equação 7}$$

Sabe-se que o coeficiente de empuxo ativo é o inverso ao coeficiente de empuxo passivo, equação 8.

$$K_a = \frac{1}{K_p} \qquad \text{equação 8}$$

Pode-se considerar a sobrecarga no terreno (q), a coesão do solo (c) e o peso específico da água (γ_w), de acordo com a equação 9.

$$Ea = \frac{1}{2} K_a.\gamma.h^2 + qK_a - 2c\sqrt{k_a} + \gamma_w.h_w \qquad \text{equação 9}$$

Simplificando, tem-se a equação 10:

$$Ep = \frac{1}{2} K_p.\gamma.h^2 + qK_p + 2c\sqrt{k_p} + \gamma_w.h_w \qquad \text{equação 10}$$

Quando se calcula as tensões no solo, deve-se levar em consideração a altura do solo acima do ponto estudado.

Teoria de Terzaghi

A teoria de Terzaghi é muito apropriada para o estudo de fundações rasas ou diretas. Esta teoria utiliza preceitos como o atrito e a coesão de solos. Sabe-se que há os solos não coesivos (granulares c = 0) e os solos puramente coesivos (φ = 0), assim, pode-se utilizar a abordagem de ruptura frágil e ruptura localizada (CRAIG, 2007).

Há diferentes tipos de solos que não se deformam muito. À medida que aumenta o carregamento, pode ocorrer ruptura brusca. Neste caso, a pressão de ruptura é bem definida. Quando se chega neste valor, os recalques se tornam incessantes e a ruptura é denominada generalizada (MARANGON, 2009a).

Existem solos que apresentam grandes deformações; nestes casos, a ruptura não é definida e vai ocorrendo aos poucos. Assim, é difícil precisar o valor da pressão de ruptura (pr'), que, segundo Terzaghi, é quando ocorre mudança (Figura 6) de uma curva para uma reta; é uma ruptura muito particular de solos compressíveis ou moles. É também conhecida como ruptura localizada (MARANGON, 2009a).

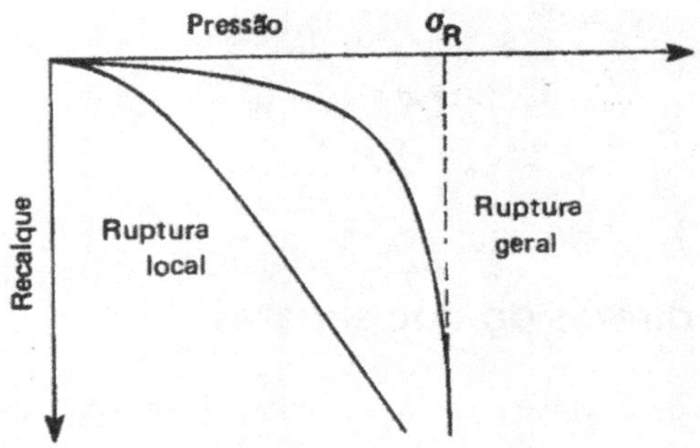

Figura 6. Gráfico Terzaghi.

Fonte: Miranda (2010?).

Esse processo é quando o solo passa do estado elástico para o estado plástico. O deslizamento ao longo da superfície ABC (Figura 7) se deve à ocorrência de tensões de cisalhamento (τ) maiores que a tensão de cisalhamento admissível (τ_{adm}).

Assim, tem-se a expressão final de Terzaghi, de acordo com a equação 11 (MARANGON, 2009b).

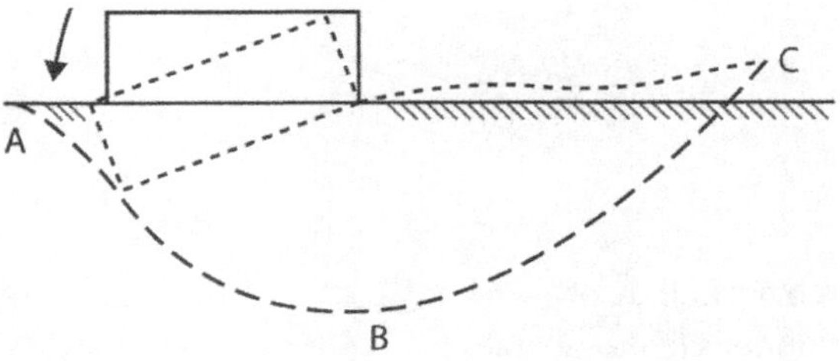

Figura 7. Superfície de ruptura.

Fonte: adaptada de Marangon (2009b, p. 96).

$$pr = c.N_c + \gamma.b.N_\gamma + \gamma.h.N_q \qquad \text{equação 11}$$

Onde: N_c, Nc e Nq são fatores de capacidade de suporte e são calculados com as equações 12, 13 e 14.

$$N_q = e^{\pi tg(\varphi)}.tg^2.\left(45^o + \frac{\varphi}{2}\right)$$ equação 12

$$N_c = \left(N_q - 1\right).cotg(\varphi)$$ equação 13

$$N_\gamma = 2.\left(N_q + 1\right).tg(\varphi)$$ equação 14

Fundações diretas do tipo sapatas

A tensão que se desenvolve no solo com o incremento de uma sapata deve ser calculada de acordo com a equação 15.

$$\sigma_{adm} = \frac{k_{maj}.Nk}{A_{sap}}$$ equação 15

Onde:

σ_{adm}= tensão admissível no solo.

k_{maj}= coeficiente de majorador da carga vertical.

N_k= carga vertical em razão da carga permanente.

A_{sap}= área da sapata.

A pressão que se desenvolve no solo deve ser calculada de acordo com a equação 16.

$$P_d = \frac{N_d}{A.B}$$ equação 16

Onde:

N_d= esforço normal de projeto.

A= maior dimensão da sapata.

B= menor dimensão da sapata.

As distâncias das seções S1 em relação às extremidades da sapata podem ser calculadas de acordo com as equações 17 e 18.

$$X_a = C_a + 0{,}15.a_p$$ equação 17

Onde:

C_a = balanços da sapata.

a_p = dimensão do pilar.

$$X_b = C_b + 0{,}15.a_p$$ equação 18

Onde:

C_b = balanços da sapata.

a_p = dimensão do pilar.

A altura útil da sapata pode ser calculada de acordo com a equação 19.

$$d = h - (c + 1) \qquad \text{equação 19}$$

Onde:

h = altura da sapata.

c = cobrimento.

O momento fletor pode ser calculado de acordo com a equação 20.

$$M_{1A,d} = P_d . \frac{X_a^2}{2} . B \qquad \text{equação 20}$$

Onde:

P_d = pressão de projeto.

X_a = distâncias em relação à extremidade.

B = dimensão da sapata.

Com o momento fletor, pode-se calcular a taxa de armadura necessária para a sapata, equação 21.

$$A_{s,B} = \frac{M_{1A,d}}{0,85.d.f_{yd}} \qquad \text{equação 21}$$

Onde:

$M_{1A,d}$ = momento fletor que se desenvolve na sapata.

d = distância útil.

f_{yd} = resistência de projeto do aço, com coeficiente ponderador de 1,15.

Link

Acesse o link e saiba mais sobre técnicas construtivas em edificações.

https://goo.gl/BtpCdb

Exemplo

Tem-se um solo arenoso, de acordo com a Figura 9 a seguir, no qual há um peso específico de 18 kN/m³. Neste solo, a partir de 1,5 m, tem-se o nível de água. Calcule as tensões verticais e horizontais e os coeficientes de Kp e Ka. Sabe-se, em razão de ensaios anteriores, que o ângulo de atrito interno é 32º.

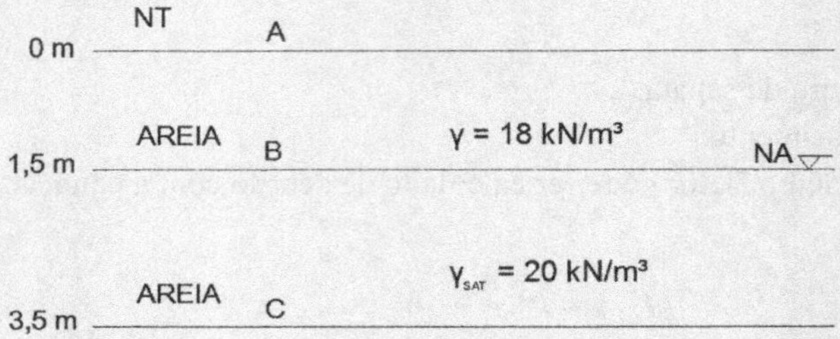

Figura 9. Perfil de solo.

Assim, primeiramente deve-se calcular tensão vertical nos pontos.
σva (kPa) = 0KPa
σvb (kPa) = 27KPa
σvc (kPa) = 27KPa + 20 × 3,5 = 87 kPa

Após, calcula-se a poropressão.
Ua (kPa) = 0 kPa
Ub (kPa) = 0 kPa
Uc (kPa) = 30 kPa

Após, calcula-se a pressão efetiva.
σ' va (kPa) = 0 kPa
σ' vb (kPa) = 27 kPa
σ' vb (kPa) = 57 kPa

Pode-se ter o coeficiente de empuxo ativo de acordo com a equação 4.

$$k_a = tg^2\left(45^\circ - \frac{\varphi}{2}\right)$$

$k_a = 0,31$

As tensões horizontais são calculadas de acordo com:
σ' ha (kPa) = 0 kPa
σ' hb (kPa) = 27 · 0,31 · kPa = 8,3 kPa
σ' hb (kPa) = 57 · 0,31 · kPa = 17,51 kPa

Exercícios

1. Na ligação de uma supraestrutura com uma fundação do tipo rasa podem ocorrer excessos de cargas, ou deslocamentos, causando desta forma uma ruptura interna do sistema. Em relação a isso, marque a alternativa correta.

a) Quando a estrutura se movimenta, necessariamente ocorrem falhas e, assim, é gerada a ruptura interna.

b) Quando o solo sofre recalques, tem-se a ruptura interna no sistema de moléculas, caracterizando, assim, a falha por cisalhamento.

c) A ruptura interna ocorre quando há ruptura de alguma parte da subestrutura, , e pode ser em decorrência de excesso de esforços em vínculos ou deformações acima da capacidade resistiva do elemento estrutural.

d) A ruptura interna em uma fundação rasa ocorre quando o solo rompe por ruptura localizada.

e) A ruptura interna em uma fundação rasa ocorre quando o solo rompe por ruptura generaliza.

2. Uma fundação distribui seu carregamento sobre o solo gerando tensões que se desenvolvem no seu entorno. Cada solo tem um comportamento diferente, que varia de acordo com suas características físicas. Sobre as características do solo, marque a alternativa correta.

a) Solos granulares têm ângulo de atrito e solos puramente coesivos tem coesão.

b) A presença de água não influencia no comportamento do solo.

c) O coeficiente de empuxo ativo á calculado da mesma forma para solos arenosos e solos coesivos.

d) Solos arenosos são influenciados pelo ângulo de atrito interno, enquanto em solos argilosos deve-se conhecer a sua coesão.

e) Em solos arenosos, deve-se calcular a coesão do solo.

3. Em relação à ruptura generalizada que ocorre nos solos, marque a alternativa correta.

a) Ocorre quando todo o maciço do solo rompe de forma generalizada.

b) A ruptura generalizada pode ser caracterizada quando o solo rompe de forma brusca, onde se tem um valor bem caracterizado de pressão de ruptura. Ela ocorre em solos rígidos.

c) Este tipo de ruptura ocorre quando o solo tem um comportamento plástico de grandes deformações.

d) Solos com características de ruptura generalizada têm alta capacidade de deformação.

e) Neste tipo de ruptura, tem-se uma curva pressão x recalque, onde não se tem a pressão de ruptura bem definida.

4. Em relação à maneira como as tensões são dissipadas no solo, marque a alternativa correta.

a) O bulbo de tensões segue um comportamento de uma curva isobárica, a qual, em cima de uma determinada linha do bulbo, a tensão vertical sempre será a mesma.

b) À medida em que aumenta a profundidade, as tensões diminuem.

c) O tipo de fundação não influencia no comportamento do bulbo de tensões.

d) A curva de tensões no bulbo nunca terá um ponto em que existem duas tensões com mesmo valor.

e) No bulbo de tensões, as tensões crescem de forma linear à medida em que aumenta a profundidade.

5. Quando se tem uma fundação do tipo sapata, a carga é dissipada no solo, que se comporta de formas distintas de acordo com o valor do carregamento que lhe é imposto. Marque a alternativa correta em relação à capacidade de carga do solo.

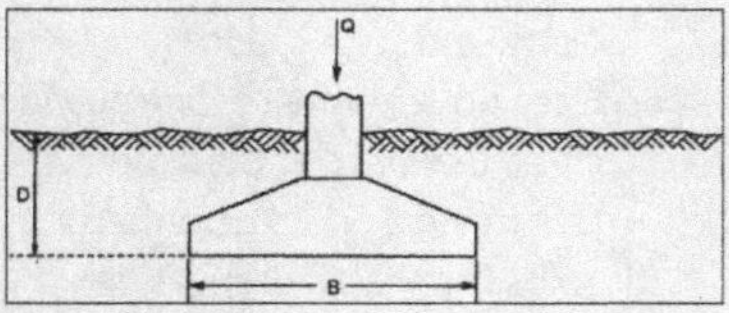

a) Em uma sapata com carregamentos em segunda fase de carregamento, os deslocamentos são plásticos, e o solo tem um comportamento elastoplástico. O estado plástico ocorre em toda a base da fundação.

b) Em uma sapata com carregamentos em segunda fase de carregamento, o solo apresenta os deslocamentos elásticos, pois as tensões são baixas e os recalques se estabilizam com reversíveis.

c) Quando se tem carregamentos pequenos, pode se considerar uma primeira fase de carregamentos, em que o solo abaixo da sapata se encontra em uma fase plástica, e os deslocamentos verticais (recalques) são irreversíveis.

d) Na terceira fase do carregamento de uma sapata, o comportamento do solo é plástico, sendo que a velocidade do recalque cresce continuamente até a ruptura, onde se atingiu a capacidade de carga na ruptura.

e) Na segunda fase do carregamento de uma sapata, o comportamento do solo é plástico; contudo, o recalque não aumenta, devido ao fato de as tensões serem baixas.

Referências

ASSOCIAÇÃO BRASILEIRA DE NORMAS TÉCNICAS. *ABNT NBR 6122:1996*. Projeto e execução de fundações. Rio de janeiro: ABNT, 1996.

BITTENCOURT, D. M. A. *Capacidade de carga geotécnica de fundações*: fundações rasas. Goiânia: PUC-Goiás, (2017?). Disponível em: <http://professor.pucgoias.edu.br/SiteDocente/admin/arquivosUpload/17430/material/PUC-FUND-06.pdf>. Acesso em: 15 fev. 2018.

CRAIG, R. F. *Mecânica dos solos*. Rio de Janeiro: LTC, 2007.

MARANGON, M. *Previsão do comportamento de fundações*. Juiz de Fora: UFJF, 2009b. Disponível em: <http://www.ufjf.br/nugeo/files/2009/11/GF04--Considera%C3%A7%C3%B5es-sobre-funda%C3%A7%C3%B5es-diretas-20121.pdf>. Acesso em: 15 fev. 2018.

MARANGON, M. *Unidade 7 – capacidade de carga dos solos*. Juiz de Fora: UFJF, 2009a. Disponível em: <http://www.ufjf.br/nugeo/files/2009/11/09-MS-Unidade-07-Capacidade-de-Carga-2013.pdf>. Acesso em: 15 fev. 2018.

MIRANDA, G. *Apostila de fundações*. Belém: UFP, [2010?]. Disponível em: <https://pt.scribd.com/document/313916263/Apostila-Fundacoes-Teoria-01-ufpa-pdf>. Acesso em: 15 fev. 2018.

MOURA, A. P. *Fundações rasas*: introdução. Teófilo Otoni: UFVJM, 2016. Disponível em: <http://site.ufvjm.edu.br/icet/files/2016/08/AULA05a-FUNDACOES-DIRETAS--INTRODUCAO.pdf>. Acesso em: 15 fev. 2018.

PINTO, C. S. *Curso básico de mecânica dos solos*. São Paulo: Oficina de Textos, 2006.

Fundações profundas: tipos, características e métodos construtivos

Objetivos de aprendizagem

Ao final deste texto, você deve apresentar os seguintes aprendizados:

- Identificar os tipos de fundações profundas.
- Definir as características principais das fundações profundas.
- Reconhecer os principais métodos construtivos destas fundações.

Introdução

Nesta unidade de aprendizagem você aprenderá sobre os diferentes tipos de fundações profundas (diferentes estacas, tubulações), a capacidade de carga de cada fundação e os seus métodos construtivos. As fundações profundas são aquelas em que a carga é transmitida ao terreno através de sua base (resistência de ponta) e/ou sua superfície lateral (resistência de atrito). As fundações profundas estão assentadas a uma profundidade maior que duas vezes a sua menor dimensão em planta.

Tipos de fundações profundas

Conforme a ABNT NBR 6122:2010, as fundações profundas são aquelas em que a carga proveniente da superestrutura é transmitida para a fundação por meio da resistência de ponta (base), pela resistência de fuste (lateral) ou pela combinação das duas. De acordo com a norma, nas fundações profundas, a profundidade de assentamento deve ser maior que o dobro da menor dimensão em planta do elemento de fundação (Figura 1).

Figura 1. Fundação profunda, segundo a NBR 6122/1996.

Fonte: Universidade Federal do Ceará (2017?).

De acordo com a ABNT NBR 6122:2010, enquadram-se como fundações profundas os seguintes elementos: estaca, tubulões e caixões.

Estaca de fundação

Elementos característicos de fundação profunda, com o auxílio de equipamentos, são cravados ou perfurados no solo (Figura 2). As estacas podem ser de diferentes materiais como madeira, aço, concreto pré-moldado, entre outros.

Figura 2. Estacas de aço.

As estacas são classificadas conforme os critérios a seguir:

- Efeito produzido no solo: sem deslocamento, pequeno deslocamento e grande deslocamento.
- Processo de execução: estacas moldadas in loco e estacas pré-moldadas.
- Tipo de funcionamento: estacas de ponta, estacas de atrito e estaca mista.
- Tipo de carregamento: estacas de compressão, tração e flexão.

Tubulões

Os tubulões são elementos de fundação profundos, que apresentam uma forma cilíndrica (podendo ser de aço ou concreto) e são executados a partir da concretagem de uma escavação, que pode ser, ou não, revestida. Nesse caso, há necessidade da descida de um operário na sua fase final, dividindo-se em dois tipos básicos de tubulações: a céu aberto e a ar comprimido.

- Tubulões a céu aberto: ocorre uma concretagem de um poço a céu aberto, apresentando uma base alargada. Essa escavação pode ser realizada manualmente ou mecanicamente (Figura 3). O tubulão é utilizado acima do lençol freático e em solos resistentes e coesivos abaixo do lençol freático; essas delimitações são necessárias para garantir que não ocorra desmoronamento.

Figura 3. Tubulão a céu aberto.

Fonte: Pereira (2015).

- Tubulão a ar comprimido: os tubulões podem ser de aço ou concreto e são requeridos quando se deseja executar a perfuração em solos nos quais haja água (Figura 4). É importante verificar, durante todo o procedimento, a compressão e a descompressão dos equipamentos. Para que o operário tenha segurança, é montada uma câmara de descompressão, pela qual eles possam trabalhar sob o efeito do ar comprimido. A pressão máxima de ar comprimido empregada é de 340 kPa; porque a pressão empregada é baixa, limita a profundidade da tubulação a 30 m abaixo do nível do mar.

Figura 4. Tubulão a ar comprimido.

Fonte: Roca (2017).

Caixões

São elementos de fundação profunda de forma prismática, concretados na superfície e instalados por escavação interna (Figura 5). Podem apresentar, ou não, a base alargada e ser executados com ou sem ar comprimido.

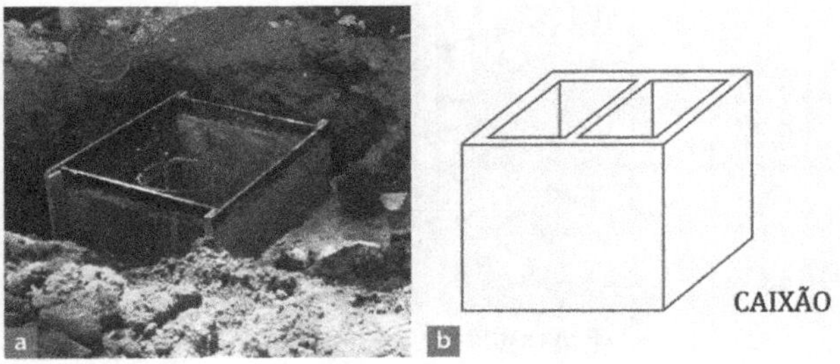

Figura 5. Caixão.
Fonte: Henriplan (2014).

Capacidade de carga das fundações profundas

A capacidade de carga de ruptura de uma fundação profunda é definida pelo menor dos valores de resistência estrutural e resistência do solo.

A capacidade de carga de ruptura (Pu) de uma fundação profunda do tipo estaca se compõe em duas diferentes resistências (Figura 6):

- A resistência de atrito lateral (Psu);
- A resistência de ponta (Pbu).

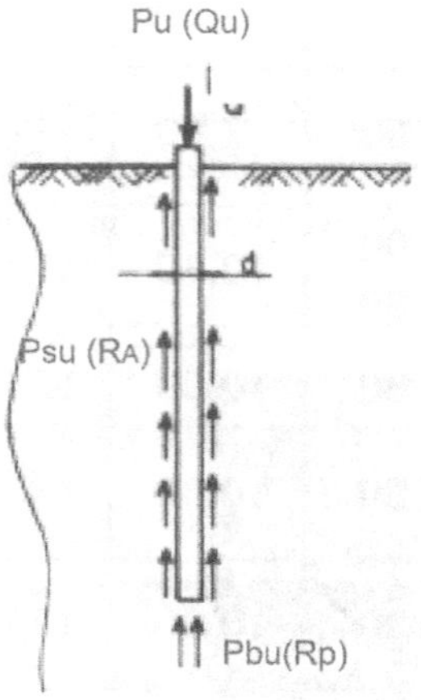

Figura 6. Esquematização da capacidade de carga da fundação profunda.

Fonte: Furtado (2014).

$$Pu = Psu + Pbu \qquad \text{Equação 1}$$

Onde:
Pu = capacidade de carga de uma fundação
Psu = resistência de atrito lateral
Pbu = resistência de ponta

Determinação da capacidade de carga

A determinação da capacidade de carga de uma estaca isolada pode ser feita por diferentes métodos: métodos estáticos, métodos dinâmicos e provas de carga.

Métodos estáticos

Método com relações simples, utilizando-se métodos convencionais da mecânica dos solos para a avaliação, a partir de parâmetros pré-determinados.

$$Pu = Psu + Pbu - W \qquad \text{Equação 2}$$

Onde:
Pu = capacidade de carga de uma fundação
Psu = resistência de atrito lateral
Pbu = resistência de ponta
W = peso da estaca

Métodos dinâmicos

Avaliam a capacidade de carga das estacas, valendo-se dos elementos obtidos durante a cravação, e dependem do tipo de equipamento utilizado para escavar. Esse método se baseia em fórmulas dinâmicas.

As fórmulas utilizadas partem da medida da nega (penetração que sofre a estaca ao receber um golpe no final da cravação) e se baseiam no princípio de que o trabalho motor é igual ao trabalho resistente.

$$Wr\,h = Ru\,S + C \qquad \text{Equação 3}$$

Onde:
Wr = energia de queda
RuS = resistência dinâmica à cravação
S = nega
C = perdas

Provas de carga

A avaliação da força de ruptura de uma estaca pode ser feita com a interpretação das curvas carga-recalque obtidas de provas de carga estáticas executadas por diferentes métodos. Entre eles, podem ser citados o prescrito na NBR-6122, o de Davisson e o de Van der Veen. Esse método é aplicado em grandes obras ou naquelas em que há muita incerteza sobre o seu dimensionamento (Figura 7).

Figura 7. Prova de carga.

Fonte: Nacon Sondagens (2017).

Saiba mais

Nega: o valor que deve ser obtido na cravação para "garantir" dinamicamente a capacidade de carga esperada para a estaca.

Métodos construtivos

A seguir, são apresentadas as definições de alguns dos principais tipos de estacas empregados no país como elementos de fundação.

Estaca tipo Franki

Efetuada por meio da cravação no terreno de um tubo de ponta fechada com uma bucha e da execução de uma base alargada, que é obtida introduzindo-se no terreno certa quantidade de material granular por meio de golpes de um pilão.

A Figura 8 apresenta a sequência de execução das estacas tipo Franki, classificadas como estacas de grande deslocamento. Esse tipo de estaca atinge amplas profundidades. Essa estaca, na sua aplicação, pode provocar danos em construções próximas, devido à sua vibração.

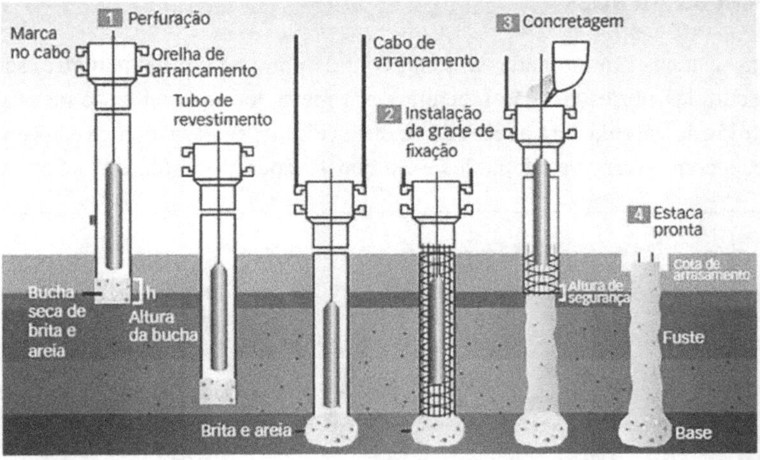

Figura 8. Sequência de execução das estacas Franki.

Fonte: Nakamura (2013).

Na Tabela 1, apresentam-se as cargas usuais e a carga máxima para os diferentes diâmetros do fuste das estacas do tipo Franki.

Tabela 1. Cargas correspondentes ao diâmetro do fuste.

Diâmetro (cm)	Tensão (MPa)	Carga usual (kN)	Carga máxima (kN)
35	6,0 a 10,0	600	1000
40		750	1300
52		1300	2100
60		1700	2800

Estacas Strauss

Estas estacas são moldadas *in loco*, com 25 cm a 55 cm de diâmetro, sendo executadas por escavação mecânica por meio de uma sonda de percussão munida de válvula para a retirada da terra (Figura 9). Essa técnica é usada em locais com terrenos acidentados e em construções já existentes.

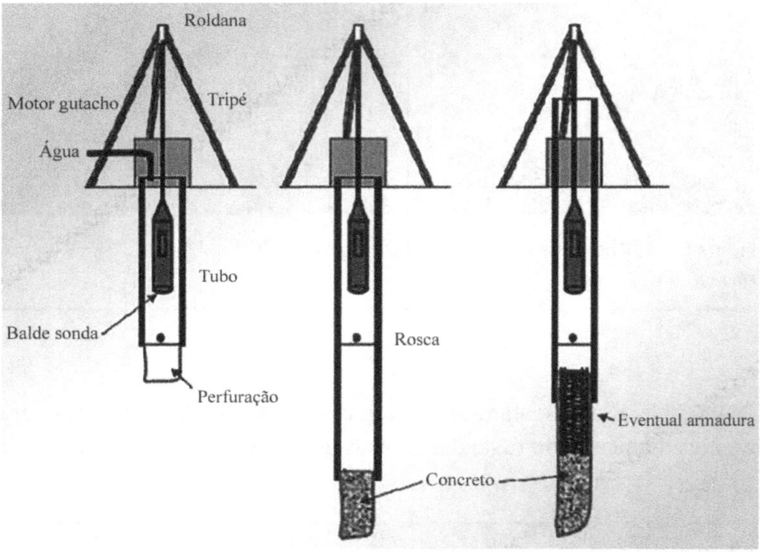

Figura 9. Sequência de execução das estacas Strauss.

Esse tipo de estaca não é indicado nas seguintes situações: solos com lençol freático alto, areia saturada, solos de elevada resistência entre outros. As estacas apresentam diâmetro entre 25 cm e 55 cm e a vantagem de não ter grande capacidade de carga, mas grande custo benefício pela facilidade de mobilização e simplicidade dos equipamentos.

Estacas tipo broca

Estacas executadas por perfuração com trado, sua execução é realizada manualmente e, posteriormente, é realizada a concretagem *in loco* (Figura 10). Esse tipo de estaca é limitado a pequenas cargas, pois seu processo e execução envolvem limitações.

Recomenda-se o uso de brocas com diâmetro de 20 cm a 40 cm, e o espaçamento entre as estacas deve ser de, no mínimo, três vezes o valor do seu diâmetro. Cabe salientar que todas as brocas deverão ser armadas em ambas as direções (transversal e longitudinal), estendendo essa armadura até o bloco de coroamento.

Figura 10. Estaca broca.

Estacas tipo hélice contínua monitorada

Um dos métodos mais utilizados nos grandes centros urbanos, essas estacas (Figura 11) são produzidas a partir da perfuração do terreno por meio de um trado helicoidal contínuo, que retira o solo sem desconfinamento. Uma vez atingida a profundidade de projeto, o concreto é bombeado por dentro do trado a partir da cota de ponta da estaca. A armadura utilizada após a concretagem é colocada por gravidade e empurrada por operários.

O comprimento da armadura varia conforme o tipo de esforço que a estaca vai sofrer, como: para esforços de compressão, a armadura deve ter um comprimento variando de 4 m a 6 m; para esforços de tração, é indicado armá-las com barras longitudinais em feixe de barras emendadas por luvas. Para esse tipo de armadura, não são necessários estribos.

Esse tipo de estaca apresenta vantagens como:

- Alta produtividade.
- Ausência de vibrações em solos vizinhos.
- Monitoramento eletrônico de profundidade, inclinação do trado, velocidade de avanço e de rotação do trado na perfuração, pressão do motor, pressão de concretagem.
- Penetração em camadas resistentes, com profundidade de até 38 m.
- Alta capacidade de carga (com Ø 1,5 m).

No processo desse tipo de estaca, é empregado um concreto com um elevado abatimento (22 ± 2 cm), de modo que não é recomendado executar uma estaca próxima a outra recentemente concluída pois pode haver ruptura do solo entre as estacas.

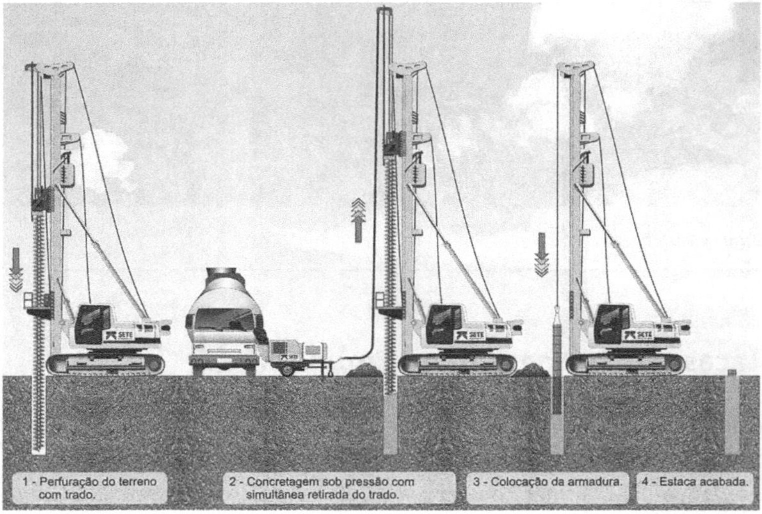

Figura 11. Estacas tipo hélice contínua monitorada.

Estaca ômega

Esta estaca (Figura 12) permite o deslocamento lateral do terreno sem o transporte de solo à superfície, resultando numa melhora do atrito lateral. Os diâmetros usuais variam de 27 cm a 47 cm e as profundidades podem chegar a 28 m, dependendo do tipo de solo.

A perfuração do terreno é similar à da hélice contínua. Ambas são executadas em três etapas (perfuração, concretagem e armação), diferenciando-se basicamente na etapa de perfuração, na qual a cravação do parafuso do ômega no terreno ocorre por rotação, como um processo de aparafusamento da hélice ômega no solo.

Figura 12. Estacas tipo ômega.

Fonte: Cruz (2012).

Estacas tipo raiz

São estacas (Figura 13) escavadas com perfuratriz, executadas com equipamento de rotação. Dependendo do equipamento utilizado, as estacas podem ser executadas em diferentes ângulos verticais (0° a 90°). Esse método é utilizado em reforços de fundações nos quais as vizinhanças possuam solos sensíveis a vibrações.

Figura 13. Estacas tipo raiz.

Link

Para saber mais sobre as estacas ômega, leia o texto "Estacas Ômegas" (GEOFUND, 2017):

https://goo.gl/2jGyrR

A perfuração do terreno ocorre em cinco etapas:

1. **Posicionamento da perfuratriz**: deve-se nivelar o terreno e conferir a verticalidade e o ângulo de inclinação do tubo em relação à estaca.
2. **Perfuração:** ocorre a inserção de um tubo rotativo até alcançar a profundidade desejada. Deve-se verificar o material que sai pelo tubo para conferir se é o mesmo tipo de solo indicado nas sondagens SPT.
3. **Limpeza:** quando alcançada a profundidade requerida no projeto, golpes de água são injetados para dentro da estaca, para limpar internamente o tubo.
4. **Armadura:** o diâmetro de cada estaca determina a quantidade de armadura a ser empregada nos fustes. Para garantir que os estribos não se movam, espaçadores de plásticos são utilizados para este fim.
5. **Concretagem:** acontece de baixo para cima até que a argamassa extravase pela boca do furo. A resistência mínima para esse tipo de estaca é de 20 MPa e o consumo mínimo de cimento estipulado pela ABNT NBR 6122:2010 é de 600 kg/m³.

Exercícios

1. Considere os seguintes procedimentos executivos para o projeto de fundações em estacas de um edifício: é uma estaca moldada *in loco*, em que a perfuração é revestida integralmente, em solo, por meio de segmentos de tubos rotativos à medida que a perfuração é executada. O revestimento é recuperado. A estaca é armada em todo o seu comprimento e a perfuração é preenchida por argamassa. Esse descritivo se refere às características das estacas:

a) Franki.
b) hélice.
c) raiz.
d) Strauss.
e) escavadas.

2. Trata-se de uma execução de elementos estruturais de fundação em concreto armado, na qual a perfuração ocorre com o auxílio de um trado e a moldagem ocorre *in loco*.

a) Estaca tipo broca.
b) Estaca raiz.
c) Estaca Strauss.
d) Estaca escavada.
e) Estaca Franki.

3. Sobre o comportamento e o projeto das fundações, assinale a assertiva correta.

a) Entende-se o efeito de grupo de estacas ou de tubulões como o processo de interação dos diversos elementos que constituem uma fundação ao transmitirem ao solo as cargas que lhe são aplicadas. Essa interação produz uma superposição de tensões de tal modo que o recalque do grupo será menor que o do elemento isolado.
b) Para equilibrar a força horizontal que atua em uma fundação em sapata ou bloco, pode-se contar com o empuxo passivo, desde que se assegure de que o solo não venha a ser removido, independentemente da resistência ao cisalhamento do solo.
c) Sob a ação exclusiva de força normal, a área da base dos tubulões a céu aberto com escavação manual e sem revestimento.
d) Com o dimensionamento geotécnico de uma sapata solicitada à flexão normal composta, o solo pode ser tratado como um material elástico dotado de resistências simétricas, empregando-se a formulação teórica clássica da Resistência dos Materiais para a flexão composta.
e) Com o dimensionamento geotécnico de uma sapata solicitada à flexão normal composta, o solo pode ser tratado como um material dúctil.

4. Tubulões a céu aberto são empregados na engenharia de fundações. Contudo, não são recomendados em todas as situações. É correto dizer que não se recomenda a utilização de tubulão a céu aberto em quais dos casos citados a seguir?
   a) Acima do lençol freático.
   b) Ocorrência de espessa camada de solo coesivo, tipicamente argiloso.
   c) Edificações comerciais com mais de três pavimentos.
   d) Perfis de solo com valor NSPT superior a dez golpes.
   e) Presença de estruturas vizinhas suscetíveis à vibração.
5. Sobre as fundações, assinale a alternativa correta.
   a) A estaca hélice-contínua é uma estaca de concreto moldada que não deve ser moldada *in loco*, executada por meio de trado contínuo e injeção de concreto, sob pressão controlada, através da haste central do trado, simultaneamente à sua retirada do terreno.
   b) Usando-se estaca hélice contínua monitorada, o concreto é injetado pela própria haste central do trado, simultaneamente à sua retirada, sendo a armadura introduzida antes da concretagem da estaca.
   c) O caixão é uma fundação profunda, escavada no terreno na qual as cargas são transmitidas para o solo pela base. Será necessário que operários desçam para a execução do alargamento de base e para a limpeza do fundo da escavação.
   d) A estaca tipo Franki é uma estaca de concreto armado, moldada no solo, que usa um tubo de revestimento recuperável, cravado dinamicamente com ponta fechada por meio de bucha (tampão) de concreto seco ou seixo rolado compactado, colocado dentro da extremidade inferior do tubo.
   e) Radier é uma fundação profunda que pode abranger parte ou todos os pilares de uma estrutura, distribuindo os carregamentos.

Referências

ASSOCIAÇÃO BRASILEIRA DE NORMAS TÉCNICAS. *ABNT NBR 6122:2010*. Projeto e execução de fundações. Rio de Janeiro: ABNT, 2010.

CRUZ, R. C. S. *Infra-estruturas*. Natal: IFRN, 2012. Disponível em: <https://docente.ifrn.edu.br/valtencirgomes/disciplinas/construcao-de-edificios/fundacoes>. Acesso em: 11 dez. 2017.

FURTADO, Z. N. *Estimativa da capacidade de carga de fundações profundas*. [S.l.: s.n.], 2014. Disponível em: <http://engenhariacivilunip.weebly.com/uploads/1/3/9/9/13991958/app9-aula_7-8-_disciplina_-fundaes-.pdf>. Acesso em: 11 dez. 2017.

GEOFUND. *Estacas ômegas*. [S.l.]: GeoFund, 2017. Disponível em: <http://www.geofund.com.br/?p=231>. Acesso em: 11 dez. 2017.

HENRIPLAN. *Escavação e forma dos blocos de fundação do caixão perdido*. [S.l.]: Henriplan, 2014. Disponível em: <http://www.henriplan.com.br/empreendimentos/fotos_obra.asp?ID=33&MesSelect=77>. Acesso em: 11 dez. 2017.

NACON SONDAGENS. *Prova de carga*. Cuiabá: Nacon Sondagens, 2017. Disponível em: <http://naconsondagens.com.br/areas-de-atuacao/ver/7-provas-de-carga>. Acesso em: 11 dez. 2017.

NAKAMURA, J. Profundidade técnica. *Construção*, ed. 146, set. 2013. Disponível em: <https://sites.google.com/site/lanjconsultoria/Destaques?tmpl=%2Fsystem%2Fapp%2Ftemplates%2Fprint%2F&showPrintDialog=1>. Acesso em: 11 dez. 2017.

PEREIRA, C. *Tubulão a céu aberto*. [S.l.]: Escola Engenharia, 2015. Disponível em: <https://www.escolaengenharia.com.br/tubulao-a-ceu-aberto/>. Acesso em: 11 dez. 2017.

ROCA. *Tubulões sobre ar comprimido*. São Paulo: Roca, 2017. Disponível em: <http://rocafundacoes.com.br/tubuloes-sobre-ar-comprimido/index.html>. Acesso em: 11 dez. 2017.

UNIVERSIDADE FEDERAL DO CEARÁ. *Fundações profundas*. Fortaleza: UFC, [2017?]. Disponível em: <http://www.lmsp.ufc.br/arquivos/graduacao/fundacao/apostila/04.pdf>. Acesso em: 11 dez. 2017.

Leituras recomendadas

PEREIRA, C. *Fundações profundas*. [S.l.]: Escola Engenharia, 2016. Disponível em: <https://www.escolaengenharia.com.br/fundacoes-profundas/>. Acesso em: 11 dez. 2017.

ROTA DOS CONCURSOS. *Questões de concurso de fundações*: Engenharia Civil. [S.l.]: Rota dos Concursos, 2017. Disponível em: <http://rotadosconcursos.com.br/questoes-de-concursos/engenharia-civil-fundacoes>. Acesso em: 11 dez. 2017.

Estacas (de madeira, aço e concreto, estacas escavadas, estacas raiz e microestacas) e tubulões

Objetivos de aprendizagem

Ao final deste texto, você deve apresentar os seguintes aprendizados:

- Identificar os diferentes tipos de estacas que existem (concreto, madeira e aço).
- Diferenciar estacas escavadas, estacas raiz e microestacas.
- Analisar a aplicação de um tubulão.

Introdução

Neste capítulo será visto os diferentes tipos de estacas. As estacas são elementos de fundação profunda executadas por equipamentos e ferramentas, podendo serem cravadas ou perfuradas, caracterizadas por grandes comprimentos e seções transversais pequenas. As estacas podem ser feitas de madeira, aço, concreto pré-moldado, concreto moldado *in situ* ou mistos.

Os tipos de estacas de fundação escolhidos são essenciais para que você tenha sucesso com a sua obra. Isso porque são essas estacas que dão segurança à estrutura, deixando tudo mais firme e impedindo que a sua construção tenha danos a curto, médio e longo prazo na obra.

Diferentes tipos de estacas

As estacas são elementos de fundações profundas executadas por equipamentos e ferramentas e que têm um longo comprimento e seções transversais curtas. As estacas podem ser de diferentes tipos: madeira, aço, concreto pré-moldado, concreto moldado *in situ* ou mistos.

As estacas podem trabalhar de diferentes maneiras, como, por exemplo, por atrito ao longo do fuste e por mola no ponto. Quando os elementos são longos, o fuste responde com a totalidade da carga a ser suportada e a ponta como carga adicional, que garante um coeficiente de segurança.

Estaca de madeira

No Brasil, esse tipo de estaca é produzido com madeira de eucalipto e é muito utilizada. Para fundação de obras provisórias e definitivas para obras, utiliza-se peroba, ipê, entre outros.

A estaca de madeira é indicada para ser utilizada submersa e em obras antigas, mas se for submetida à variação de nível de água, a vida útil da mesma cai consideravelmente, devido à ação de fungos que se proliferam no ambiente água-ar.

As estacas são cravadas de forma que não ocorra a retirada do solo e a sua colocação pode ser realizada por meio de prensagem, vibração. A escolha do método de fixação a ser utilizado depende da dimensão da estaca e das características do solo. Esse tipo de estaca é aplicado para construção de pontes.

Estaca de aço

Estas estacas são produzidas com perfis laminados ou soldados, tubos de chapas dobradas e trilhos (Figura 1). Esses elementos devem resistir à corrosão; caso ele não fique totalmente enterrado no solo, é aconselhável realizar um tratamento para resistir ao meio agressivo. Esse tipo de estaca apresenta um elevado custo, mas tem vantagens como: baixa vibração para sua colocação e resistência ao esforço de flexão.

Figura 1. Estaca de aço.

Fonte: Geofix (2017a).

Na Figura 2, representa-se como ocorre a cravação de uma estaca metálica no solo. Observa-se, na sequência, o posicionamento da estaca, a cravação do perfil metálico, o posicionamento do novo elemento e a execução de emenda; por último, o corte e o preparo da cabeça da estaca.

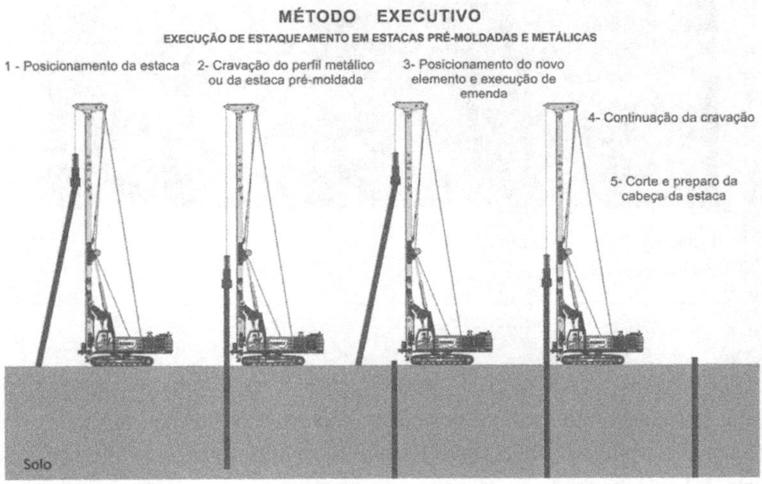

Figura 2. Cravação da estaca metálica.

Fonte: Serki Fundações Especiais (2017).

Estacas de concreto

As estacas de concreto podem ser do tipo concreto armado e concreto protendido, que apresenta alta resistência. O custo desse tipo de estaca é elevado, principalmente a de concreto protendido. Um engenheiro tem as qualificações necessárias para escolher o tipo de estaca ideal.

Estacas de concreto, principalmente o pré-moldado, apresentam um controle de qualidade tanto na produção quanto na cravação do mesmo (Figura 3). Esse tipo de estaca é estável em solos argilosos, siltes e turfas.

Figura 3. Estacas de concreto.
Fonte: TecGeo (2017a?).

Essas estacas apresentam diferentes geometrias, como, por exemplo: quadrada, circular, sextavada, octogonal, sextavada e forma de estrela. A estaca de concreto pode ser maciça ou vazada, que apresenta uma melhor leveza estrutural, colaborando no transporte e cravação.

Fique atento

O melhor tipo de fundação é aquele que suporta as cargas da estrutura com segurança e se adequa aos fatores topográficos, maciço de solos, aspectos técnicos e econômicos, sem afetar a integridade das construções vizinhas.

Estacas escavadas e estacas raiz

Estacas escavadas ou barretes

Estas estacas podem ser moldadas *in loco* e executadas com concretagem submersa. A escavação do solo é efetuada mecanicamente com trado helicoidal e esse tipo de estaca apresenta uma boa resistência e pequena deformabilidade (Figura 4). Quanto à sua aplicação, esse tipo de estaca não é indicado para aplicação acima do nível de água.

Figura 4. Estacas escavadas.

Fonte: Teixeira Duarte (2017).

As principais vantagens para a aplicação dessa estaca são:

- Transmissão de cargas a camadas mais profundas;
- Cravação das estacas de fundação sem ruído e vibração;
- Possibilidade de atravessar camadas de grande resistência;
- Execução rápida.

Métodos de execução

Na Figura 5, estão representadas as etapas de escavação da estaca escavada. As etapas básicas de execução consistem em:

1. Colocação da camisa-guia;
2. Perfuração com o simultâneo preenchimento com lama bentonítica;
3. Colocação da armação, após desarenação;
4. Concretagem;
5. Descarte da lama bentonítica.

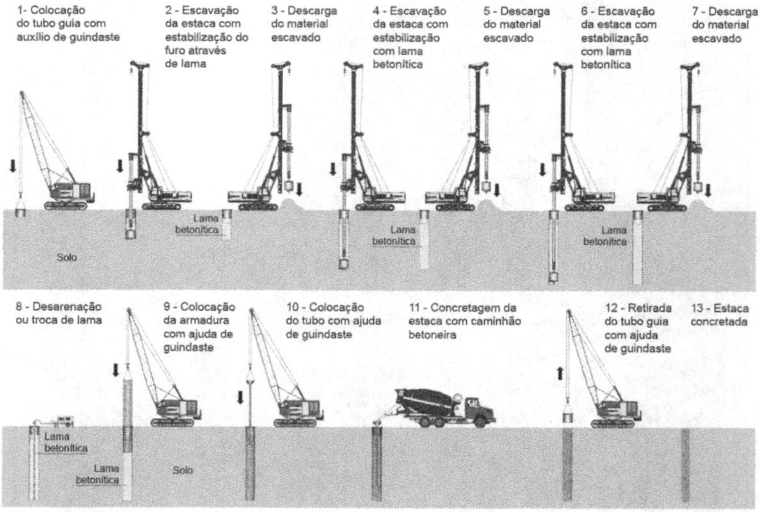

Figura 5. Etapas de execução da estaca de escavamento.

Fonte: Geofix (2017a).

Estaca raiz

Este tipo de estaca moldada *in loco*, com diâmetro entre 8 cm e 41 cm, é executado através de perfuração rotativa e de elevada tensão de trabalho do fuste. É revestido integralmente no trecho em solo por meio de tubo metálico, que garante a estabilidade da perfuração e atinge grandes comprimentos, em rocha e/ou solo.

Essas estacas são bastante utilizadas para a ligação com antigas fundações de edificações de pequeno porte. Com a utilização de equipamentos de pequeno e médio porte, essas estacas podem ser executadas em locais de difícil acesso e também podem ser utilizadas em diferentes angulações.

Principais vantagens para a aplicação dessa estaca:

- Ausência de vibração e descompressão do terreno;
- Execução em áreas de espaço limitado;
- Aplicação em perfis geológicos com presença de matacões, rochas e até concreto.

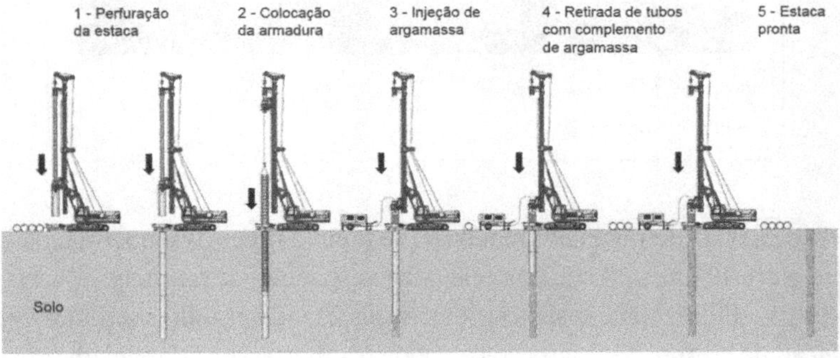

Figura 6. Etapas de instalação da estaca raiz.
Fonte: Geofix (2017a).

Métodos de execução

- Perfuração da estaca auxiliada por circulação de água;
- Instalação da armadura;
- Preenchimento do furo com argamassa;
- Remoção do revestimento e aplicação de golpes de ar comprimido.

Microestaca

A microestaca (Figura 7) é um avanço na área da construção civil, pois pode ser utilizada em qualquer solo, e é muito requisitada para lugares de difícil acesso (matacões, solo concrecionado). As microestacas são armadas com camisas metálicas que têm dupla finalidade: armar a estaca e dispor válvulas "manchete" para injeção – a injeção de alta pressão aumenta sua capacidade de carga.

Figura 7. Microestacas.
Fonte: GeoRumo (2018).

São estacas de pequeno diâmetro (de 8 cm a 40 cm), sendo mais usuais entre entre 10 cm e 20 cm, com elevada capacidade de resistência, variando de 300 a 1300 kN. Por dispensar em vários casos o uso da solta, favorece a redução de custos. As microestacas podem suportar até 50 toneladas.

Métodos de execução

Para a execução das microestacas, têm-se cinco fases distintas:

- Perfuração auxiliada por circulação de água;
- Instalação de tubo-manchete;
- Execução da "bainha";
- Injeção de calda de cimento;
- Vedação do tubo manchete.

Saiba mais

A estaca raiz é utilizada para reforço de fundações em locais nos quais os terrenos vizinhos são sensíveis a vibrações ou em terrenos onde há presença de rocha e concreto.

Tubulões

Os tubulões são elementos estruturais de fundação profunda que apresentam seção circular e base alargada (Figura 8).

Esse tipo de elemento se diferencia dos demais elementos de fundações devido à maneira com que ocorre a transmissão de carga ao subsolo, feita com o contato da base com o solo de apoio, semelhante a uma sapata, bloco. Esse tipo de elemento pode ser escavado manualmente ou mecanicamente, finalizando com a descida de um operário para a limpeza quando não há alargamento da base.

Figura 8. Tubulão.
Fonte: Neves (2018).

Após a escavação, é realizada a concretagem, sem a utilização do vibrador; com isso, o concreto deve ser suficientemente fluido para que ocorra a ocupação de toda a base. Esse tipo de elemento é executado acima do nível de água ou submerso em terrenos saturados. Os tubulões podem ser a céu aberto e a ar comprimido.

Tubulões a céu aberto

Este tipo de tubulão (Figura 9) é indicado para obras que apresentem cargas elevadas, áreas com dificuldades de uso de técnicas de fundação mais mecanizadas. Esse tipo de tubulão é usado em solos que apresentam elevada rigidez e não é indicado para locais com níveis de água próximos ao solo. O engenheiro de obra deve garantir que o solo tenha uma rigidez suficiente para que não ocorra o desmoronamento do mesmo.

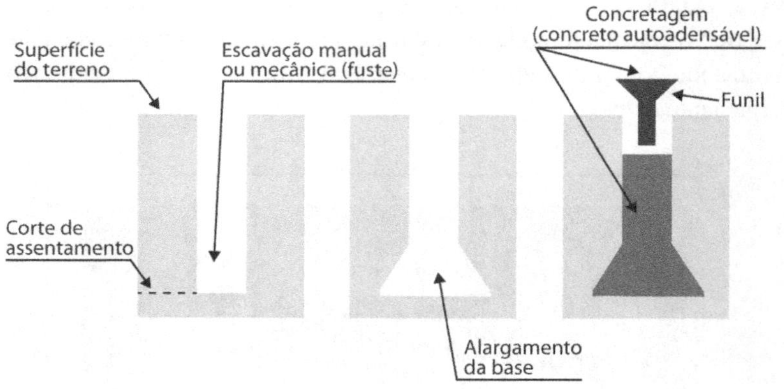

Figura 9. Tubulão a céu aberto.
Fonte: Meia Colher (2013).

O processo de execução da fundação a céu aberto é composto pelas seguintes etapas:

1. Utiliza-se um gabarito para a marcação do eixo da peça, com um arame e um prego utilizando um piquete de madeira. Depois, é marcada a circunferência que delimita o tubulão, cujo diâmetro mínimo é de 70 cm.
2. Após a demarcação, começa-se a escavação do poço até a profundidade especificada no projeto. Se a escavação for feita manualmente, utiliza-se

um balde para a remoção da terra. Nas obras com escavação mecânica, o aparelho rotativo acoplado a um caminhão realiza a remoção.

3. O alargamento da base é feito conforme as dimensões do projeto.
4. Verificação das dimensões do poço e sua higienização.
5. Colocação da armadura.
6. Posteriormente à colocação da armadura, é realizada a concretagem, utilizando-se um caminhão betoneira para a produção e para o lançamento do concreto. A cada lançamento esporádico, deve-se adensar o concreto para evitar vazios.

Tubulões a ar comprimido

Este tipo de tubulão é indicado para obras que apresentem cargas elevadas, como, por exemplo, pontes e viadutos. Assim, utiliza-se uma proteção para que não ocorra a entrada de água no local da escavação; o ar comprimido auxilia na retirada da água.

Figura 10. Tubulão a ar comprimido.
Fonte: Meia Colher (2013).

A escavação do tubulão a ar comprimido segue as seguintes etapas:

1. Terraplanagem e escavação: primeiramente, é feito um mapeamento geotécnico para a terraplanagem e, posteriormente, é feita a escavação de um poço de aproximadamente 2 m de profundidade.

2. Instalação das formas e montagem das armaduras: primeiramente, é montada uma forma circular em volta da qual é armada a ferragem do tubulão. Concluída a armação, é instalada uma forma circular externa.
3. Concretagem: concreta-se a camisa e, posteriormente, ocorre a desforma interna e externa.
4. Escavação sob ar comprimido: após a concretagem, é montada a campânula sobre o tubulão em execução. Após é liberado para a escavação.
5. Alargamento da base: Utiliza-se uma base alargada para melhor aproveitamento da capacidade resistente do terreno. Após o alargamento, é feito o preenchimento com concreto, sem remoção da campânula.

Link

Para saber mais sobre as microestacas, leia o texto "Microestacas" (TECGEO, 2017b?):

https://goo.gl/IEV4xB

Exercícios

1. Fundação que é utilizada quando existe água e exige-se grandes profundidades, além do perigo de desmoronamento das paredes.
   a) Tubulão a ar comprimido.
   b) Estaca raiz.
   c) Microestaca.
   d) Estaca barrete.
   e) Tubulão a céu aberto.
2. Tubulões a céu aberto são amplamente empregados na engenharia de fundações. Contudo, não são recomendados para todas as situações. É correto dizer que não se recomenda a utilização de tubulão a céu aberto em:
   a) presença de nível de água muito próximo da superfície.
   b) ocorrência de espessa camada de solo coesivo,

tipicamente argiloso.

c) edificações comerciais com mais de três pavimentos.

d) perfis de solo com resistência alta.

e) presença de estruturas vizinhas susceptíveis à vibração.

3. _______ é um elemento de fundação profunda, cilíndrico, em que, pelo menos na sua etapa final, há descida de operário. Pode ser feito a céu aberto ou sob ar comprimido e ter ou não _______. Pode ser executado com ou sem _______, podendo ser de aço ou concreto. As lacunas podem ser preenchidas, respectivamente, por:

a) Estacão - fuste alargado - cimbramento.

b) Estaca barrete - base alargada - revestimento.

c) Tubulão - fuste alargado - escoramento.

d) Tubulão - base alargada - revestimento.

e) Tubulão - base quadrada - escoramento.

4. Utiliza-se em todo tipo de fundação e, em especial, para fundações de equipamentos industriais, reforços de fundações, locais com restrição de pé-direito ou dificuldade de acesso para equipamentos de grande porte, situações nas quais a execução possa provocar vibrações, em casos onde é preciso atravessar matacões ou blocos de concreto ou, ainda, quando existe necessidade de engaste da estaca no topo rochoso. Trata-se de:

a) Estaca raiz.

b) Estaca metálica.

c) Sapata isolada.

d) Microestaca.

e) Tubulão.

5. O funcionamento mecânico dos diversos tipos de fundação trabalha de forma diferenciada e de acordo com a obra em andamento. Por exemplo, temos os tipos que trabalham por atrito ao longo do fuste e por mola no ponto. De um modo geral, para elementos razoavelmente longos, o fuste responde com a totalidade da carga a ser suportada e a ponta, com uma carga adicional que garante o coeficiente de segurança. O tipo descrito se refere a:

a) sapatas.

b) sapatas nodulares.

c) tubulões.

d) estacas.

e) microestacas.

Referências

GEOFIX. *Estaca escavadas de grande diâmetro e/ou barrete*. São Paulo: Geofix, 2017a. Disponível em: <http://www.geofix.com.br/servico-estaca-barrete.php>. Acesso em: 11 dez. 2017.

GEOFIX. *Estaca raiz*. São Paulo: Geofix, 2017b. Disponível em: < http://www.geofix.com.br/servico-estaca-raiz.php>. Acesso em: 11 dez. 2017.

GEORUMO. GeoRumo. Tecnologia de Fundações. 2018. Disponível em: <http://www.georumo.pt/obras/233/IMG_7964.JPG>. Acesso em: 07 mar. 2018.

MEIA COLHER. *Fundações com tubulações*: o que é e como fazer! [S.l.]: Meia Colher, 2013. Disponível em: <http://www.meiacolher.com/2015/08/fundacao-com-tubuloes-o-que-e-e-como.html>. Acesso em: 11 dez. 2017.

NEVES, L. F. S. Dicionário de Engenharia Geotécnica e Fundações. 2018. Disponível em: <http://www.dicionariogeotecnico.com.br>. Acesso em: 07 mar. 2018.

SERKI FUNDAÇÕES ESPECIAIS. *Estacas cravadas*. Porto Alegre: Serki Fundações Especiais, 2017. Disponível em: <http://serki.com.br/servicos/estavas-cravadas/>. Acesso em: 11 dez. 2017.

TECGEO. *Estacas pré-moldadas de concreto*. Belo Horizonte: TecGeo, [2017a?]. Disponível em: <http://www.tecgeo.com.br/servicos/estacas-pre-moldadas-de-concreto-3>. Acesso em: 10 dez. 2017.

TECGEO. *Microestacas*. Belo Horizonte: TecGeo, [2017b?]. Disponível em: <http://www.tecgeo.com.br/servicos/microestacas-32>. Acesso em: 10 dez. 2017.

TEIXEIRA DUARTE. *Residencial mundi execução de estacas escavadas e parede diafragma*. [S.l.]: Teixeira Duarte, 2017. Disponível em: <http://teixeiraduarte.com.br/construcao/residencial-mundi-execucao-de-estacas-escavadas-e-parede-diafragma/>. Acesso em: 11 dez. 2017.

Leituras recomendadas

INFRA SOLO ENGENHARIA. *Microestacas*. São Paulo: Infra Solos Engenharia, [2017?]. Disponível em: <http://www.infrasoloengenharia.com.br/micro-estacas.php>. Acesso em: 10 dez. 2017.

MACHADO, R. *Micro-estacas*. [S.l.]: Instituto Superior Técnico, 2011. Disponível em: <http://www.civil.ist.utl.pt/~joaof/tc-cor/08%20Micro-estacas%20-%2011%C2%AA%20aula%20te%C3%B3rica%20-%20COR.pdf>. Acesso em: 10 dez. 2017.

PEREIRA, C. *Tipos de estacas para fundação*. [S.l.]: Escola Engenharia, 2013. Disponível em: <https://www.escolaengenharia.com.br/tipos-de-estacas-para-fundacao/>. Acesso em: 10 dez. 2017.

Caixões

Objetivos de aprendizagem

Ao final deste texto, você deve apresentar os seguintes aprendizados:

- Definir o que são fundações do tipo caixões.
- Reconhecer como são executadas as fundações tipo caixões.
- Identificar os locais de aplicação e as estruturas utilizadas na execução das fundações tipo caixões.

Introdução

Neste capítulo, você vai estudar sobre um dos diferentes tipos de fundação profunda: caixões. Caixões são elementos de fundação de forma prismática, concretados na superfície do terreno e instalados por escavação interna. Nas instalações pode-se usar, ou não, ar comprimido e ter, ou não, a sua base alargada. são classificados em: caixões abertos, fechados e pneumáticos.

Caixões

Caixões são peças de seção quadrada ou retangular, com paredes pré-moldadas (Figura 1). A implantação desse elemento ocorre através da escavação interna no solo, até atingir a profundidade requerida para seu apoio. Posteriormente, este elemento passa a fazer parte da infraestrutura. Podem apresentar, ou não, base alargada e ser executados com ou sem ar comprimido. Existem três diferentes tipos de caixões: caixões abertos, caixões fechados e caixões pneumáticos.

Figura 1. Caixão.
Fonte: Henriplan (2014).

Caixões abertos

São caixões grandes, que podem ter suas paredes internas divididas em forma de xadrez, construídas parcialmente, ou não, sobre o terreno. São afundados à medida que é feita a escavação por meio de *clamshell* (Figura 2).

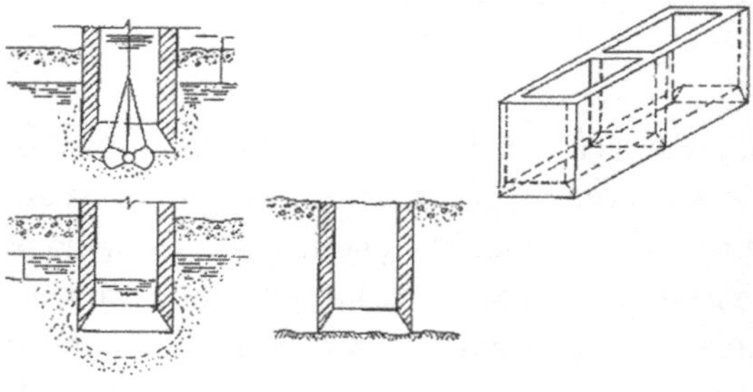

Figura 2. Caixão aberto.
Fonte: Torres (2017).

Caixões fechados

Caixões com a sua base fechada e usados, geralmente, em obras marinhas. Para trabalhar com esse tipo de caixão, este deve ser rebocado, flutuando até a fundação e ali sendo afundado (Figura 3).

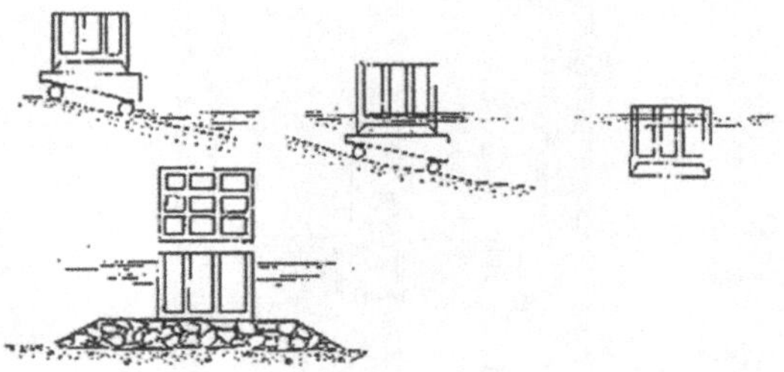

Figura 3. Caixão fechado.
Fonte: Torres (2017).

Caixões pneumáticos

Os caixões pneumáticos são produzidos com concreto armado, construídos à margem da água ou sobre flutuadores e rebocados até o lugar da fundação, onde serão imersos. As câmaras de compressão são fixadas sobre uma superfície de compartimentos circulares e, quando os caixões são submergidos, os funcionários descem para o lugar de trabalho, realizando a preparação da fundação (Figura 4).

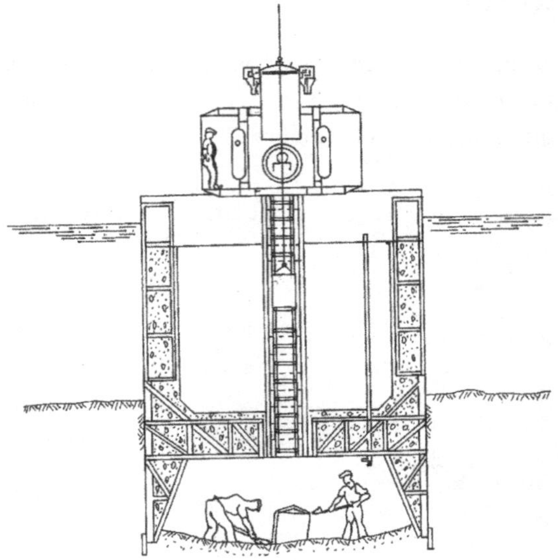

Figura 4. Caixão pneumático.

Fonte: Torres (2017).

O *clamshell* (Figura 5) é um equipamento da construção civil utilizado em grandes obras de escavação. É composto por duas mandíbulas de acionamento mecânico ou hidráulico que são acopladas a um guindaste.

Figura 5. *Clamshell.*

Fonte: Nakamura (2011).

Execução da fundação tipo caixão

Na execução de uma fundação do tipo caixão, deve-se atentar para as seguintes características:

a) Cotas de apoio e de arrasamento.
b) Dimensões reais da base alargada.
c) Material de apoio.
d) Equipamento usado nas várias etapas.
e) Deslocamento e desaprumo.
f) Consumo de material durante a concretagem e comparação com o volume previsto.
g) Qualidade dos materiais.
h) Anormalidades de execução e providências tomadas.
i) Inspeção por profissional responsável do terreno de assentamento da fundação.

Saiba mais

Leia "Apostila Fundações 1" (TORRES, 2017) para saber mais sobre as fundações.

Exemplo

Caixão aberto — Caixão prismático — Caixão fechado

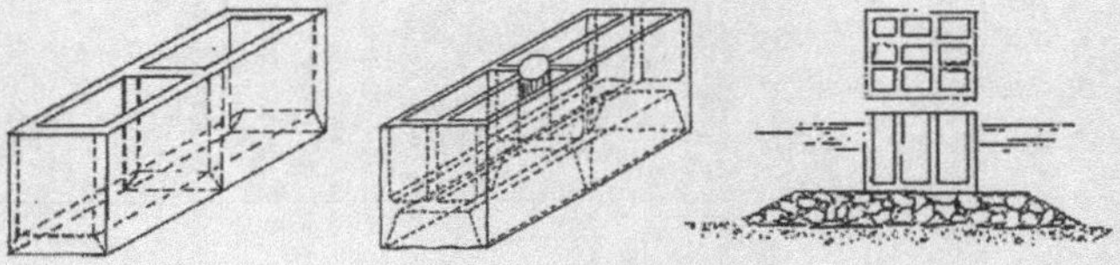

Exercícios

1. O projeto e a execução de fundações requerem conhecimentos de Geotecnia e de Cálculo Estrutural. Geotecnia para identificar as condições e características do subsolo, e Cálculo Estrutural para determinar, além da capacidade de carga da própria fundação, quais serão as cargas atuantes provenientes da superestrutura. Conforme a norma ABNT NBR 6122:2010, fundações profundas são aquelas cujas bases estão implantadas a uma profundidade superior a duas vezes a sua menor dimensão e a pelo menos 3 m de profundidade. Dentre os tipos de fundações profundas, é correto citar:
   a) grelha.
   b) sapata.
   c) bloco.
   d) radier.
   e) caixão.
2. Escolha a alternativa que é característica da fundação caixão:
   a) Grande caixão permeável à água, de seção transversal quadrada ou retangular e que tem as paredes laterais pré-moldadas.
   b) Não é destinado a escorar as paredes da escavação e impedir a entrada de água enquanto vai sendo cravado no solo.
   c) Terminada a operação o caixão passa a fazer parte da infraestrutura.
   d) Não pode ser utilizado como fundação de um pilar de ponte.
   e) É indicada para solos fracos e solos cuja camada resistente se encontra a grande profundidade.
3. Sobre caixões fechados pode-se afirmar:
   a) Usados na presença de estruturas vizinhas suscetíveis à vibração.
   b) Esse tipo é muito limitado, tendo em vista a necessidade de escavações com escoramentos, rebaixamento do lençol d'água, custo de subsolos adicionais, sendo compatível somente quando o terreno resistente se encontra a grandes profundidades.
   c) É um exemplo de fundação rasa.
   d) Fundação superficial que pode abranger parte ou todos os pilares de uma estrutura, distribuindo os carregamentos.
   e) É indicado para obra marinha.
4. Identifique quais dos elementos abaixo correspondem a um caixão pneumático:

a)

b)

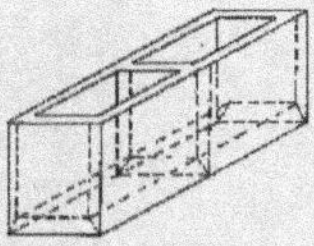

c)

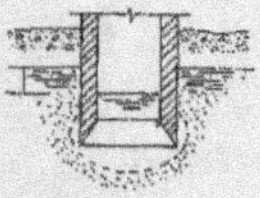

d)

e)

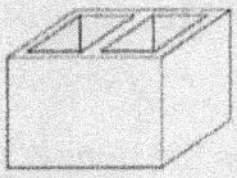

5. Sobre caixões prismáticos, pode-se afirmar:

a) Este tipo de fundação não é indicado para ser submergido.

b) Não pode ser construído *in loco*.

c) São produzidos com concreto protendido.

d) Utiliza-se uma câmara de compressão pela qual os operários descem para a prepraração da fundação.

e) É indicado para solos arenosos.

Referências

ASSOCIAÇÃO BRASILEIRA DE NORMAS TÉCNICAS. *ABNT NBR 6122:2010*. Projeto e execução de fundações. Rio de Janeiro: ABNT, 2010.

HENRIPLAN. *Escavação e forma dos blocos de fundação do caixão perdido*. [S.l.]: Henriplan, 2014. Disponível em: <http://www.henriplan.com.br/empreendimentos/fotos_obra.asp?ID=33&MesSelect=77>. Acesso em: 10 dez. 2017.

NAKAMURA, J. Fundações e contenções. *Infraestrutura Urbana*, ed. 15, dez. 2011. Disponível em: <http://infraestruturaurbana17.pini.com.br/solucoes-tecnicas/15/escavacao-com-clamshell-equipamento-tem-aplicacao-consagrada-em-obras-258468-1.aspx>. Acesso em: 10 dez. 2017.

TORRES, R. *Apostila fundações 1*. [S.l.]: Ebah, 2017. Disponível em: <http://www.ebah.com.br/content/ABAAAfU0AAI/apostila-fundacoes1?part=10>. Acesso em: 10 dez. 2017.

Leituras recomendadas

CRUZ, R. C. S. *Infra-estruturas*. [S.l.: s.n.], 2012. Disponível em: <https://docente.ifrn.edu.br/valtencirgomes/disciplinas/construcao-de-edificios/fundacoes>. Acesso em: 10 dez. 2017.

FUNDAÇÕES profundas. [S.l.: s.n, 2017?]. Disponível em: <http://www.lmsp.ufc.br/arquivos/graduacao/fundacao/apostila/04.pdf>. Acesso em: 10 dez. 2017.

FURTADO, Z. N. *Estimativa da capacidade de carga de fundações profundas*. [S.l.: s.n.], 2014. Disponível em: <http://engenhariacivilunip.weebly.com/uploads/1/3/9/9/13991958/app9-aula_7-8-_disciplina_-fundaes-.pdf>. Acesso em: 10 dez. 2017.

PEREIRA, C. Fundações profundas. *Escola Engenharia*, 23 nov. 2016. Disponível em: <https://www.escolaengenharia.com.br/fundacoes-profundas/>. Acesso em: 10 dez. 2017.

ROTA DOS CONCURSOS. *Questões de concurso de fundações*: Engenharia Civil. [S.l.]: Rota dos Concursos, 2017. Disponível em: <http://rotadosconcursos.com.br/questoes-de-concursos/engenharia-civil-fundacoes>. Acesso em: 10 dez. 2017.

Blocos de coroamento

Objetivos de aprendizagem

Ao final deste texto, você deve apresentar os seguintes aprendizados:

- Descrever os blocos de coroamento conforme seu funcionamento estrutural.
- Definir o dimensionamento da armadura principal para blocos de duas, três e quatro estacas.
- Reconhecer a aplicação das armaduras complementares e a disposição de todas as armaduras nos blocos.

Introdução

Os blocos de coroamento são estruturas tridimensionais (nas quais as três dimensões são da mesma ordem de grandeza) utilizadas para distribuir as cargas dos pilares para os elementos de fundações profundas (tubulões e estacas, por exemplo). Devido ao papel fundamental dos blocos de coroamento para a solidarização de estacas ou como elemento de transição de carga, no caso de tubulões, é preciso que o engenheiro conheça o funcionamento desses elementos estruturais.

Neste capítulo, você vai estudar os blocos de coroamento, sendo capaz de classificá-los e defini-los. Além disso, você será capaz de descrever o funcionamento dos blocos de coroamento com base na teoria das bielas e tirantes. Ao final deste capítulo, você saberá, ainda, dimensionar as armaduras principais para blocos de duas e três estacas e aplicar as armaduras complementares.

Definição e classificação dos blocos de coroamento e teoria das bielas e tirantes

Os blocos de coroamento são definidos como blocos maciços tridimensionais usados para transmitir as ações da supraestrutura para um conjunto de estacas. Esses blocos são responsáveis por solidarizar o conjunto de estacas, fazendo com que elas trabalhem em grupo. O número de estacas pertencentes a um bloco de coroamento pode variar de 1 a N, onde N é um número arbitrário. O número de estacas necessário para um bloco de coroamento depende de alguns fatores: características do solo, capacidade de carga das estacas e, também, do carregamento. Usualmente, para edificações de pequeno porte, tais como galpões, residências térreas, sobrados, o carregamento vertical é pequeno, de modo que são utilizadas uma ou duas estacas por bloco de coroamento. Em caso de edifícios, os blocos de coroamento podem solidarizar duas, três ou mais estacas. Apresenta-se, na Figura 1, um pilar descarregando sobre um bloco, que, por sua vez, solidariza duas estacas.

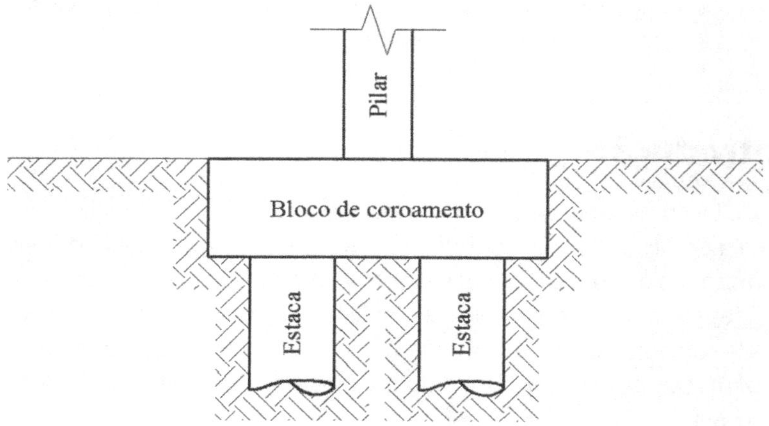

Figura 1. Exemplo de bloco de coroamento para duas estacas.

Diferentes configurações para blocos são mostradas em planta na Figura 2: para uma (a), duas (b), três (c) e quatro (d) estacas. Nota-se que a geometria dos blocos é, em geral, alterada, dependendo do número de estacas. O número de estacas pertencentes a um bloco de coroamento pode ser ainda maior.

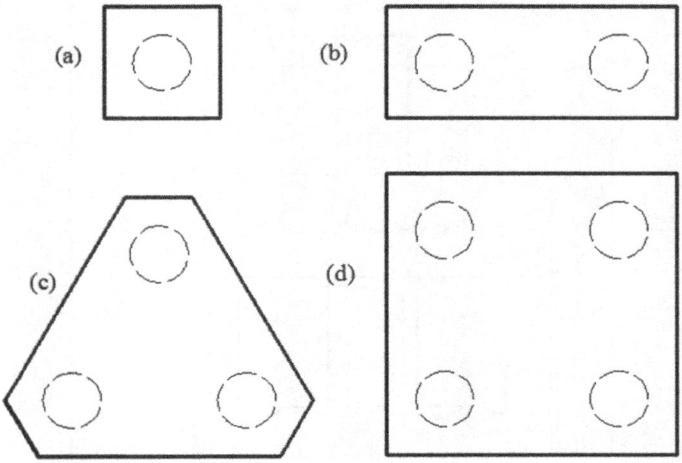

Figura 2. Exemplos, em planta baixa, de blocos de coroamento para diferentes números de estacas.

Os blocos de coroamento são classificados, ainda, conforme o seu funcionamento, do ponto de vista estrutural, em: blocos flexíveis e blocos rígidos. O funcionamento dos blocos flexíveis acontece sem que haja tração na flexão; nos blocos rígidos, o trabalho à flexão ocorre nas duas direções, com trações essencialmente concentradas nas linhas sobre as estacas, de modo que as cargas são transmitidas pelos pilares até as estacas, basicamente, por bielas em compressão e o cisalhamento acontece nas duas direções, apresentando ruptura apenas por compressão das bielas.

Um bloco pode ser considerado rígido se a sua altura satisfizer, simultaneamente, as seguintes inequações (de acordo com a Figura 3, a seguir):

$$h > \left(\frac{a - a_p}{3}\right), \text{na direção a}$$

$$h > \left(\frac{b - b_p}{3}\right), \text{na direção b}$$

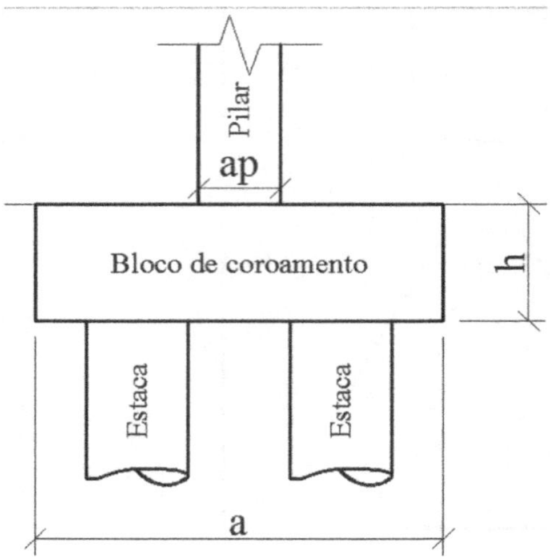

Figura 3. Dimensões do bloco de coroamento e do pilar na direção a.

Para o dimensionamento das armaduras dos blocos de coroamento rígidos, é utilizada a teoria das bielas e tirantes. Nessa teoria, os esforços recebidos pelo bloco por meio dos pilares são transmitidos para as estacas por elementos de concreto comprimidos. Esses elementos são denominados "bielas" e se comportam como se fossem elementos comprimidos dentro dos blocos. As componentes horizontais de forças que ocorrem nas bielas são absorvidas por tirantes, executados com barras de aço entre as estacas. Na Figura 4, mostra-se o detalhamento desses conceitos.

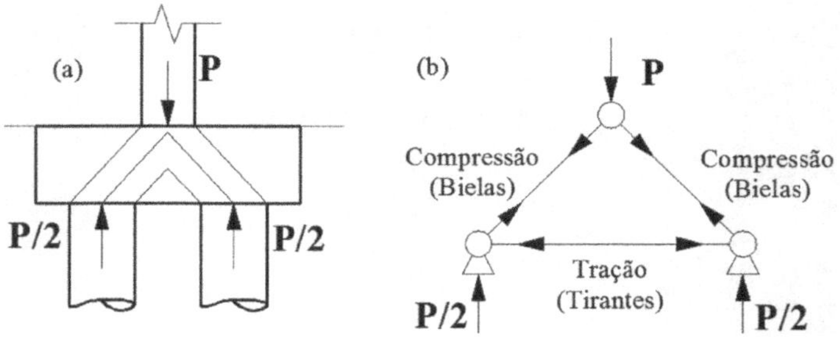

Figura 4. Detalhamento da teoria das bielas e tirantes.

O ângulo de inclinação das bielas, θ, para que a teoria possa ser aplicada, deve ser de forma que esteja entre 40° e 55°. Caso não esteja dentro desses valores, é necessário reforçar o bloco com armaduras adicionais para absorver esforços de tração em lugares indevidos.

O número de estacas por bloco depende de alguns fatores: carga total aplicada sobre o bloco de coroamento (P), capacidade de carga individual das estacas (que, por sua vez, depende do diâmetro das estacas, da resistência do solo e do tipo de estaca) [P_{est}] e da chamada eficiência de grupo (e). Desse modo, tem-se que o número de estacas (que é um número inteiro) necessário deve satisfazer a seguinte relação:

$$n > \frac{P}{P_{est}e}$$

A eficiência de grupo é dada pela regra de Feld, na qual a capacidade de carga individual da estaca é reduzida de tantos 1/16 quantas forem as estacas vizinhas na mesma fila ou diagonal (ver alguns exemplos na Figura 5). A eficiência é reduzida devido à proximidade das estacas. Muitas vezes uma estaca acaba influenciando no bulbo de tensões da outra.

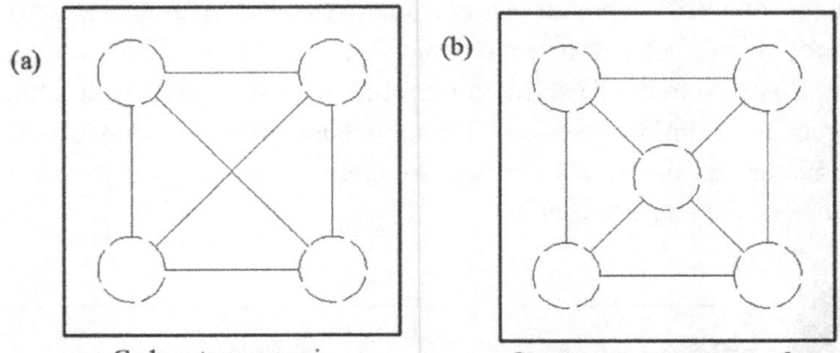

(a) Cada estaca possui 3 vizinhas, logo: $e = \frac{13}{16} = 81{,}25\%$

(b) Quatro estacas possuem 3 vizinhas e uma estaca possui 4 vizinhas, logo: $e = (4\,\frac{13}{16} + 1\,\frac{12}{16})/5 = 80\%$

Figura 5. Exemplos para cálculo de eficiência de grupo para blocos de coroamento de (a) quatro estacas e (b) cinco estacas.

Fique atento

Na execução das estacas e pilares, pode ocorrer uma má locação desses elementos, gerando excentricidades e momentos. Por isso, recomenda-se que se utilizem, pelo menos, três estacas por bloco, quando não existirem vigas de travamento – vigas que fazem a ligação com outros pilares ou blocos.

Dimensionamento das armaduras principais

Para o dimensionamento dos blocos, o contorno do bloco de coroamento, em planta, deve acompanhar o contorno das estacas, de modo que elas sejam envolvidas pelo bloco. Recomenda-se que a distância mínima entre a face do bloco e a face da estaca seja de 15 cm. Ainda, a distância entre as estacas de um mesmo bloco deve ser maior ou igual a 2,5 vezes o diâmetro externo da estaca, para o caso de estacas pré-moldadas, e de 3 vezes para o caso de estacas moldadas *in loco*. A altura do bloco deve ser tal que seja satisfeita a relação para o ângulo das bielas citado anteriormente e, simultaneamente, deve atender à condição de comprimento de ancoragem das barras longitudinais do pilar para garantir boa aderência do aço ao concreto (ABNT NBR 6118:2004).

Com relação às armaduras, considera-se o bloco como sendo rígido, de modo que se aplica a teoria das bielas e tirantes. No dimensionamento, evita-se o escoamento da armadura dos tirantes e o encurtamento último do concreto comprimido das bielas. Portanto, busca-se a determinação da área de armadura do tirante e a verificação da tensão de compressão nas bielas (juntos ao pilar e às estacas).

Link

Acesse o link a seguir e veja as armaduras que fazem parte de um bloco de coroamento:

https://goo.gl/nNgvDf

Mostra-se, na Figura 6, um esquema simplificado das forças atuantes em um bloco com duas estacas. No painel (a), mostra-se o bloco em corte, no painel (b), o bloco em planta e, no painel (c), um esquema simplificado das forças dividindo o bloco, em corte, no seu eixo de simetria, onde R_{est} é a reação na estaca; *C* é a força de compressão na biela; *T* é a força de tração na armadura principal; *P/2* é o carregamento do pilar; e θ é o ângulo da biela.

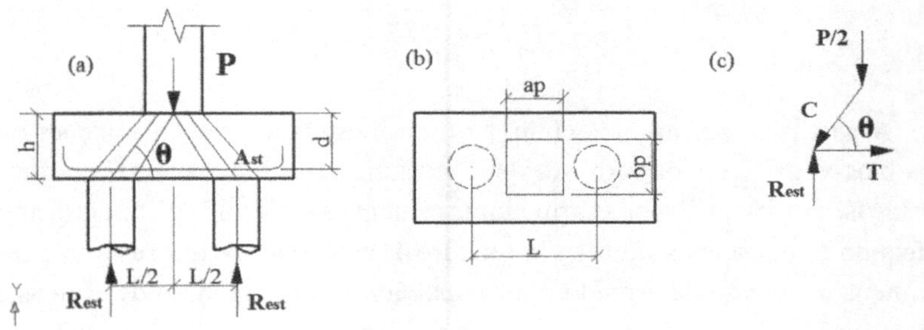

Figura 6. Detalhamento das forças.

Conforme a Figura 6, o ângulo de inclinação das bielas é dado por $\theta = \text{atan}\,[d/(L/2 - a_p/4)]$, de forma que este ângulo esteja entre 40° e 55°. A resultante de tração do tirante é dada através do painel (c) da Figura 6 como:

$$T = \frac{R_{est}}{\tan\theta} = \frac{R_{est}}{d}\left(\frac{L}{2} - \frac{a_P}{4}\right)$$

Assim, a área de armadura principal de tração, A_{st}, é dada por: $A_{st} = T/f_{yd}$, onde f_{yd} é a tensão de cálculo de escoamento do aço. Se essa área não for maior do que a área mínima prescrita na ABNT NBR 6118:2004 ($A_{s,min} = 0{,}0015 * b * h$, onde *h* é a altura do bloco e *b* é uma faixa que compreende 85% do diâmetro da estaca), deve-se adotar a área mínima.

Uma vez determinada a armadura principal de tração no bloco, verificam-se as tensões de compressão nas bielas para que não ocorra o seu esmagamento. Essa verificação se dá junto ao pilar e junto às estacas.

Junto ao pilar, considera-se que a força de compressão *C* seja distribuída de modo uniforme na seção transversal da biela A; a área da biela, A_b, é considerada, nesse caso, como sendo: $A_b = a_p \sin\theta b_p/2$, onde a_p e b_p são as dimensões do pilar.

Junto à estaca, considera-se que a força de compressão C seja distribuída de modo uniforme na seção transversal da biela A; a área da biela, A_b, é considerada, nesse caso, como sendo: $A_b = A_{est}$, onde A_{est} é a área da estaca.

Logo, as tensões de compressão nas bielas, $\sigma_{c,biela}$, devem respeitar as seguintes condições:

$$\sigma_{c,biela} = \begin{cases} 2\dfrac{R_{est}}{a_p\, b_p \sin^2\theta} < 1{,}4\, f_{cd}, \text{junto ao pilar} \\ \dfrac{R_{est}}{A_{est} \sin^2\theta} < 0{,}85\, f_{cd}, \text{junto à estaca} \end{cases}$$

A partir do mesmo raciocínio, é possível estabelecer estas relações para os blocos de três e quatro estacas. Entretanto, nos blocos de três e quatro estacas, é possível dispor as armaduras principais de formas distintas (sempre ligando uma estaca a outra). No Quadro 1, apresenta-se um resumo para o dimensionamento da armadura principal conforme o número de estacas e a disposição das armaduras principais e mostra-se a relação para a verificação da tensão de compressão das bielas (onde a_p e b_p são mostrados na Figura 6, A_p é a área do pilar e a_m é a menor dimensão do pilar).

Nº est.	Configuração armadura principal	$\tan\theta$	T	$\sigma_{c,biela}$ junto ao pilar	$\sigma_{c,biela}$ junto à estaca	A_{st}
2	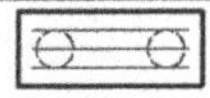	$\dfrac{d}{\frac{L}{2}-\frac{a_p}{4}}$	$\dfrac{R_{est}}{\tan\theta}$	$\dfrac{2R_{est}}{a_p b_p \sin^2\theta} < 1{,}4\, f_{cd}$	$\dfrac{R_{est}}{A_{est}\sin^2\theta} < 0{,}85\, f_{cd}$	$\dfrac{T}{f_{yd}}$
3	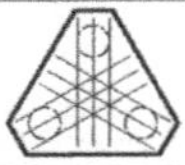	$\dfrac{d}{\frac{L\sqrt{3}}{3}-0{,}3a_m}$	$\dfrac{R_{est}}{\tan\theta}$	$\dfrac{3R_{est}}{A_p \sin^2\theta} < 1{,}75\, f_{cd}$	$\dfrac{R_{est}}{A_{est}\sin^2\theta} < 0{,}85\, f_{cd}$	$\dfrac{T}{f_{yd}}$
3	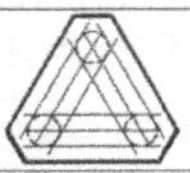	$\dfrac{d}{\frac{L\sqrt{3}}{3}-0{,}3a_m}$	$\dfrac{R_{est}}{\tan\theta}$	$\dfrac{3R_{est}}{A_p \sin^2\theta} < 1{,}75\, f_{cd}$	$\dfrac{R_{est}}{A_{est}\sin^2\theta} < 0{,}85\, f_{cd}$	$\dfrac{T\sqrt{3}}{3f_{yd}}$
4		$\dfrac{d}{\frac{L\sqrt{2}}{2}-\frac{\sqrt{2}}{4}a_m}$	$\dfrac{R_{est}}{\tan\theta}$	$\dfrac{4R_{est}}{A_p \sin^2\theta} < 2{,}1\, f_{cd}$	$\dfrac{R_{est}}{A_{est}\sin^2\theta} < 0{,}85\, f_{cd}$	$\dfrac{T}{f_{yd}}$
4	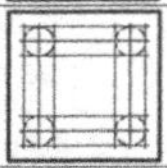	$\dfrac{d}{\frac{L\sqrt{2}}{2}-\frac{\sqrt{2}}{4}a_m}$	$\dfrac{R_{est}}{\tan\theta}$	$\dfrac{4R_{est}}{A_p \sin^2\theta} < 2{,}1\, f_{cd}$	$\dfrac{R_{est}}{A_{est}\sin^2\theta} < 0{,}85\, f_{cd}$	$\dfrac{T\sqrt{2}}{2f_{yd}}$
4	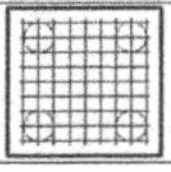	$\dfrac{d}{\frac{L\sqrt{2}}{2}-\frac{\sqrt{2}}{4}a_m}$	$\dfrac{R_{est}}{\tan\theta}$	$\dfrac{4R_{est}}{A_p \sin^2\theta} < 2{,}1\, f_{cd}$	$\dfrac{R_{est}}{A_{est}\sin^2\theta} < 0{,}85\, f_{cd}$	$\dfrac{1{,}25T}{f_{yd}}$

Quadro 1. Quadro resumo para dimensionamento de armadura principal de blocos de coroamento com duas, três e quatro estacas, onde L é a distância entre as estacas.

Armaduras complementares e disposição das armaduras no bloco de coroamento

De forma complementar à armadura principal do bloco de coroamento, existem as armaduras complementares, que podem ser: armadura de pele, armadura de suspensão e, quando necessária, armadura transversal ou de cisalhamento.

Saiba mais

A armadura transversal, ou de cisalhamento, pode ser eliminada se o bloco passar na verificação de esforço cortante proposto na norma ABNT NBR 6118:2004. Sempre que possível, o engenheiro deve buscar essa opção.

A armadura de pele é obrigatória para peças de concreto com altura maior do que 60 cm. Sua função é diminuir o efeito de fissuração da superfície do elemento concretado. Essa armadura é colocada ao longo das faces do bloco. A área total de aço dessa armadura deve ser superior, em cada uma das faces, a:

$$A_{sl} > 0{,}10\%\ b \cdot h$$

Onde h é a altura do bloco e b é o comprimento da face considerada. Recomenda-se que o espaçamento entre as barras não seja superior a 20 cm.

A armadura de suspensão faz com que a carga aplicada sobre o bloco efetivamente seja transferida para as bielas comprimidas. Caso não seja aplicada a armadura de suspensão, formam-se bielas secundárias no elemento, fazendo com que surjam tensões no intervalo entre as estacas. Isso pode levar à fissuração e à perda da capacidade resistente do bloco. A armadura de suspensão é obrigatória quando a distância entre duas estacas é superior a três vezes o diâmetro das estacas e a área da sua seção transversal é dada por:

$$A_{susp} > \frac{P}{1{,}5\, n\, f_{yd}}$$

Onde n é o número de estacas, sendo igual ou superior a três.

Na Figura 7, são mostradas as armaduras aplicadas em um bloco. A linha grossa indica a armadura principal. A linha pontilhada se refere à armadura de pele, enquanto a linha tracejada diz respeito à armadura de suspensão. As armaduras são mostradas em planta e em corte.

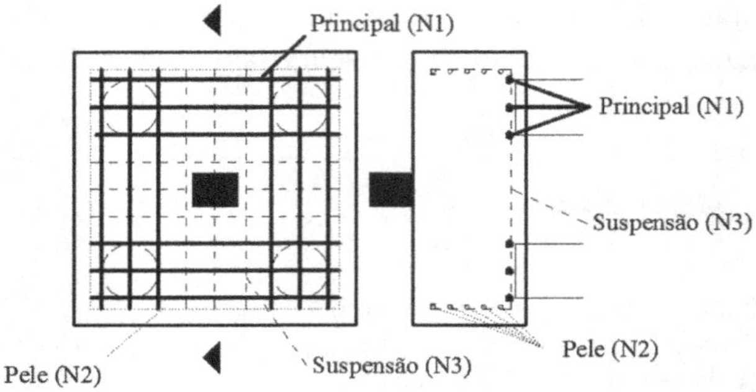

Figura 7. Detalhamento das armaduras em blocos de coroamento.

Exemplo

Dimensione um bloco de coroamento rígido para duas estacas de diâmetro 30 cm moldadas *in loco*, que recebe um pilar de dimensões 40 x 20 descarregando uma carga de projeto de 100 kN (desconsidere o peso próprio do bloco – a armadura do pilar requer um comprimento de ancoragem de 40 cm). Considere um concreto com f_{ck} = 20 *MPa*, um cobrimento de 5 cm e aço para as armaduras CA50.

Solução:

As dimensões em planta para o bloco são:

No alinhamento das estacas: a separação entre os centros dos pilares deve ser de três vezes o diâmetro das estacas para o caso de estacas moldadas no local. Soma-se a isso o diâmetro das estacas (a soma dos raios das estacas) e mais duas vezes a distância recomendada entre a face do bloco e o início das estacas. Assim, tem-se:

$a = 3 \cdot 30\text{ cm} + 30\text{ cm} + 2 \cdot 15\text{ cm} = 1{,}50\text{ m}$

Na direção transversal ao alinhamento das estacas: nesse caso, considera-se o diâmetro das estacas mais duas vezes a distância recomendada entre a face do bloco e a estaca. Logo:

$b = 30\text{ cm} + 2 \cdot 15\text{ cm} = 0{,}60\text{ m}$

Determinação da altura do bloco para que seja considerado rígido (fazendo com que o lado maior do pilar esteja alinhado com a linha que une as estacas):

$$h > \left(\frac{a - a_p}{3}\right) = \left(\frac{150 - 40}{3}\right) = 33{,}3\ cm$$

$$h > \left(\frac{b - b_p}{3}\right) = \left(\frac{60 - 20}{3}\right) = 13{,}3\ cm$$

Adota-se $h = 50$ cm como altura do bloco (questão de definição/escolha). Assim $d = h - 4$ cm $= 46$ cm. A distância d deve ser maior do que o comprimento de ancoragem das barras do pilar (que é de 40 cm).

Verificação do ângulo θ:

$$\theta = \text{atan}\,\frac{d}{\frac{L}{2} - \frac{a_p}{4}} = \text{atan}\,\frac{46}{\frac{90}{2} - \frac{40}{4}} = 52{,}73°$$

Se a carga de projeto do pilar é de 100 kN, a carga em cada uma das estacas é de 50 kN, uma vez que não há carregamento de momento mencionado.

Verificação das bielas:

Junto ao pilar:

$$\sigma_{c,biela} = \frac{2R_{est}}{a_p b_p \sin^2\theta} = \frac{2 * 50}{40 * 20 * \sin^2\theta} = \frac{0{,}2kN}{cm^2} < 1{,}4\,f_{cd} = \frac{2kN}{cm^2}$$

Junto à estaca:

$$\sigma_{c,biela} = \frac{R_{est}}{A_{est}\sin^2\theta} = \frac{50}{\left(\frac{\pi 30^2}{4}\right)\sin^2\theta} = \frac{0{,}11kN}{cm^2} < 0{,}85\,f_{cd} = \frac{1{,}7kN}{cm^2}$$

Condições OK.

Armadura principal de tração:

$$A_{st} = \frac{T}{f_{yd}} = \frac{R_{est}}{\tan\theta\, f_{yd}} = \frac{50}{\tan\theta\; 43{,}48} = 0{,}88cm^2$$

A área mínima é dada por $A_{s,min} = 0{,}0015 \cdot 0{,}85 \cdot 30 \cdot 50 = 2{,}25$ cm². A essa área correspondem 3 barras de 10 mm separadas a cada 10 cm ($A_{s,efetiva} \approx 2{,}4$ cm²).

Armadura de pele:

Deve ser de modo a $A_{sl} > 0{,}10\% \cdot b \cdot h$.

Faces maiores:

$A_{sl} > 0{,}10\% \cdot 150 \cdot 50 = 7{,}5$ cm².

O que equivale a quatro barras de 16 mm ao longo da altura, separadas a cada 10 cm.

Armadura de suspensão

A armadura de suspensão pode ser utilizada para montagem da armadura de pele.

Considera-se:

$$A_{susp} > \frac{P}{1{,}5\,n\,f_{yd}} = \frac{100}{1{,}5\,.\,3\,.\,43{,}48} = 0{,}51cm^2$$

Consideram-se três barras de 5 mm, resultando em 0,6 cm².

Na Figura 8, mostra-se o detalhamento do bloco.

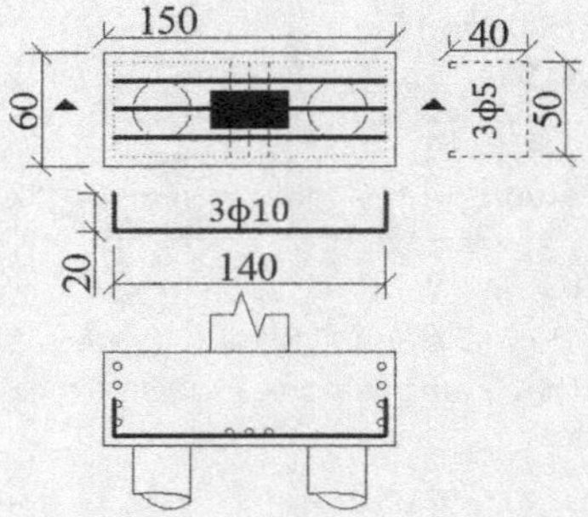

Figura 8. Detalhamento das armaduras em blocos de coroamento.

Exercícios

1. O que são blocos de coroamento?

a) São blocos maciços responsáveis por dividir a carga da supraestrutura por todas as estacas que compõem o sistema de fundação do empreendimento.

b) São blocos tridimensionais utilizados como um sistema de fundação, sendo responsáveis por transmitir os esforços da supraestrutura para o solo.

c) São elementos estruturais utilizados em fundações para reduzir a transmissão dos esforços da supraestrutura para o solo.

d) São blocos maciços responsáveis por solidarizar um grupo de estacas, fazendo com que elas trabalhem juntas.

e) São blocos maciços tridimensionais responsáveis por transmitir, de forma independente, o carregamento da supraestrutura para cada estaca.

2. Os blocos de coroamento podem ser classificados como rígidos ou flexíveis, dependendo das suas dimensões e da dimensão do pilar que descarrega sobre o bloco. Considere um pilar com dimensões ap = 40 cm e bp = 20 cm e um bloco de coroamento de duas estacas com altura de 60cm. Quais devem ser as dimensões em planta para que o bloco seja classificado como rígido?

a) As dimensões em planta devem ser: a < 2,20 m e b < 2,00 m.

b) As dimensões em planta devem ser: a < 2,00 m e b < 2,20 m.

c) As dimensões em planta devem ser: a > 2,00 m e b > 2,20 m.

d) As dimensões em planta devem ser: a > 2,20 m e b > 2,00 m.

e) As dimensões em planta devem ser: a < 2,20 m e b < 2,20 m.

3. Quais armaduras complementares compõem um bloco de coroamento?

a) Armadura de pele e de suspensão.

b) Armadura de pele e de cisalhamento.
c) Armadura de pele, de suspensão e de cisalhamento.
d) Armadura de pele, de suspensão, de cisalhamento e de tração.
e) Armadura de suspensão, de cisalhamento e de tração.

4. Considerando um bloco composto por duas estacas de 30 cm de diâmetro, onde a reação em cada estaca é de 25 kN, a distância entre as estacas é de 1,00 m, a altura útil do bloco é de 40 cm e a dimensão do pilar é de 40 cm, qual é o ângulo de inclinação das bielas e a área de aço necessária para a armadura principal?

a) O ângulo de inclinação das bielas é = 45° e a área de aço é $A_s = 0,57$ cm^2.
b) O ângulo de inclinação das bielas é = 45° e a área de aço é $A_s = 1,53$ cm^2.
c) O ângulo de inclinação das bielas é = 40° e a área de aço é $A_s = 0,60$ cm^2.
d) O ângulo de inclinação das bielas é = 50° e a área de aço é $A_s = 0,50$ cm^2.
e) O ângulo de inclinação das bielas é = 50° e a área de aço é $A_s = 1,53$ cm^2.

5. Qual deve ser a área de armadura de pele para um bloco de dimensões b = 1,20m e h = 0,40 m? Indique a quantidade de barras e o espaçamento entre elas.

a) $A_{sl} > 4,8$ cm^2 / 10 barras de 6,3 mm a cada 4 cm.
b) $A_{sl} > 4,8$ cm^2 / 10 barras de 8 mm a cada 4 cm.
c) $A_{sl} > 2,4$ cm^2 / 10 barras de 6,3 mm a cada 4 cm.
d) $A_{sl} > 3,2$ cm^2 / 10 barras de 6,3 mm a cada 4 cm.
e) $A_{sl} > 1,8$ cm^2 / 10 barras de 5 mm a cada 4 cm.

Referência

ASSOCIAÇÃO BRASILEIRA DE NORMAS TÉCNICAS. *ABNT NBR 6118:2004*. Projeto de estruturas de concreto – Procedimento. Rio de Janeiro: ABNT, 2004.

Leituras recomendadas

ALVA, G. M. S. *Projeto estrutural de blocos sobre estacas*. Santa Maria: UFSM, 2007. Disponível em: <http://coral.ufsm.br/decc/ECC1008/Downloads/Apostila_Blocos.pdf>. Acesso em: 15 nov. 2017.

BASTOS, P. S. S. *Blocos de fundação*. Bauru: UNESP, 2017. Disponível em: <http://wwwp.feb.unesp.br/pbastos/concreto3/Blocos.pdf>. Acesso em: 15 nov. 2017.

CAMPOS, J. C. *Elementos de fundações em concreto*. São Paulo: Oficina de Textos, 2015.

VELOSO, D. A.; LOPES, F. R. *Fundações*. São Paulo: Oficina de Textos, 2011.

UNIDADE 3

Estacas inclinadas

Objetivos de aprendizagem

Ao final deste texto, você deve apresentar os seguintes aprendizados:

- Identificar as condições que favorecem o emprego das estacas inclinadas.
- Calcular a distribuição de cargas nas estacas em um bloco de estacas.
- Estimar a capacidade de carga de estacas inclinadas submetidas a esforços de tração.

Introdução

Muitas vezes, os esforços na fundação de edificações acontecem na direção horizontal. Nesse tipo de situação, as estacas verticais acabam funcionando por flexão, dependendo, ainda, da contenção lateral do solo. Por esse motivo, recomenda-se a utilização de estacas inclinadas.

As estacas inclinadas, assim como as estacas verticais, podem ser de vários tipos: cravadas de concreto pré-moldado ou de aço, raiz, hélice contínua, entre outras. Cabe ao engenheiro definir a melhor alternativa dos pontos de vista técnico e financeiro.

Neste capítulo, você verá em que tipo de situações devem ser empregadas as estacas inclinadas, bem como entenderá a distribuição de esforços em um bloco de estacas e será capaz de estimar a capacidade de carga de uma estaca inclinada submetida a esforços de tração.

Emprego das estacas inclinadas

As solicitações atuantes em uma edificação, por exemplo, são transmitidas para o solo através das estacas, quando se trata de fundações profundas. Normalmente, as solicitações de maior valor estão relacionadas ao peso próprio da estrutura ou ao carregamento vertical acidental, de modo que as estacas são, nesses casos, dimensionadas para funcionar sob esforços de compressão (e, mais precisamente, na direção vertical). Essa situação é a mais corriqueira na engenharia civil e a que atende a maioria dos casos. Há situações, também, nas quais as estacas sofrem esforços axiais de tração, como, por exemplo, em torres de transmissão de energia.

Entretanto, existem casos nos quais os esforços horizontais na estrutura são relevantes (e quando se diz relevantes, isso significa que estão na mesma ordem de grandeza dos esforços verticais); assim, o dimensionamento das estacas precisa contemplar esses esforços. Em estacas verticais, a absorção dos esforços horizontais é feita através da flexão das mesmas (como o comprimento das estacas é da ordem de 5 a 15 metros, normalmente, as deformações podem ser elevadas). Essa absorção depende, ainda, da contenção lateral do solo – um esquema simplificado pode ser visto na Figura 1.

São exemplos de estruturas em que são utilizadas estacas inclinadas as fundações de aerogeradores, torres de transmissão e pontes. Uma situação que dificilmente acontece no Brasil é a de terremotos, que podem levar a esforços horizontais significativos, que exigem estacas inclinadas.

Além disso, em portos, pode ocorrer o choque dos navios com a estrutura de contenção do porto, impacto que gera esforços horizontais incrivelmente grandes e que são absorvidos por estacas inclinadas.

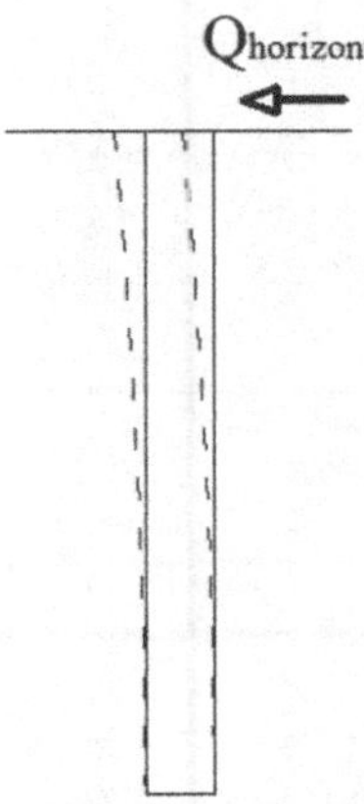

Figura 1. Esforço horizontal sobre a cabeça da estaca e deformação da estaca (linha tracejada) causada pela flexão.

O papel das estacas inclinadas é, justamente, o de absorver os esforços horizontais. A força transmitida pela estrutura às fundações pode ser decomposta em direções ortogonais: horizontal e vertical. Da mesma maneira, pode-se decompor a capacidade resistente da estaca nesses dois componentes. Adicionando-se estacas inclinadas a um bloco de coroamento, assegura-se que as solicitações horizontais são transmitidas para as estacas inclinadas, evitando ou minimizando os efeitos de flexão nas estacas verticais. Isso é interessante tanto do ponto de vista estrutural quanto da capacidade de carga do conjunto – um esquema simplificado de disposição de estacas em um bloco é mostrado na Figura 2. É importante lembrar que um bloco de coroamento pode ser composto somente por estacas verticais, por estacas verticais e inclinadas ou somente por estacas inclinadas.

Fique atento

Sempre que possível, em um projeto com mais do que uma estaca inclinada, procure fazer com que as estacas inclinadas tenham a mesma inclinação, ainda que em direções distintas. Isso evita confusão e erros de locação e inclinação, além de simplificar o trabalho durante a execução.

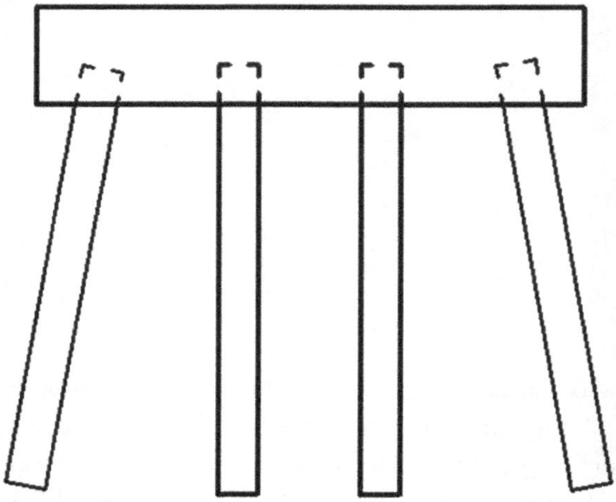

Figura 2. Bloco de coroamento com estacas verticais (duas) e inclinadas (duas), para absorção tanto de esforços verticais quanto horizontais.

O ângulo de inclinação das estacas inclinadas é um fator de erro adicional que exige um controle bem feito durante a execução da estaca, tanto na locação da estaca quanto na verificação do ângulo de inclinação da estaca. Durante a execução, o ângulo deve ser verificado em intervalos pequenos de escavação ou cravação.

Link

No link a seguir, você pode ver os cuidados a serem tomados e as dicas a serem aplicadas durante a execução de uma estaca inclinada com estação total.

https://goo.gl/TcP4XX

Neste outro link, você pode ver o projeto tridimensional de fundações de um viaduto rodoviário nos Estados Unidos que utiliza estacas inclinadas.

https://goo.gl/9TaW4G

Assim como no caso das estacas verticais, existem vários tipos de estacas inclinadas: cravadas metálicas, cravadas de concreto pré-moldado, escavadas, hélice contínua, entre outras. Um dos papéis do engenheiro é adotar o tipo que melhor se adeque à situação.

Método de Nökkentved

Este é um dos métodos mais utilizados para a distribuição de carga entre as estacas pertencentes a um bloco de coroamento e é útil tanto para estacas verticais quanto para estacas inclinadas. Neste método, as estacas são consideradas como hastes bi-rotuladas, pressupondo que o bloco de coroamento é infinitamente rígido (isto é, não existem deformações no bloco); a estaca obedece a lei de Hooke com relação à sua deformação e a carga da estaca é proporcional à projeção do deslocamento do topo da estaca sobre o eixo da mesma, antes do deslocamento. O método de Nökkentved é mais utilizado para estaqueamentos simétricos. Alternativamente, outro método é o de Schiel.

Considerando um estaqueamento simétrico (ou seja, as estacas estão dispostas e inclinadas de maneira simétrica no bloco de coroamento) e no qual as estacas são iguais, a carga em cada estaca é obtida através da seguinte equação:

$$N_i = V\frac{\cos\alpha_i}{\sum\cos^2\alpha_i} + H\frac{\sin\alpha_i}{\sum\sin^2\alpha_i} + M\frac{p_i}{\sum p_i}$$

Quando há mais do que um conjunto paralelo de estacas, trabalha-se com uma estaca fictícia, que passa pelo baricentro do grupo de estacas.

Exemplo

Abaixo você pode visualizar alguns exemplos para cálculo pelo método de Nökkentved.

Conjunto de estacas verticais

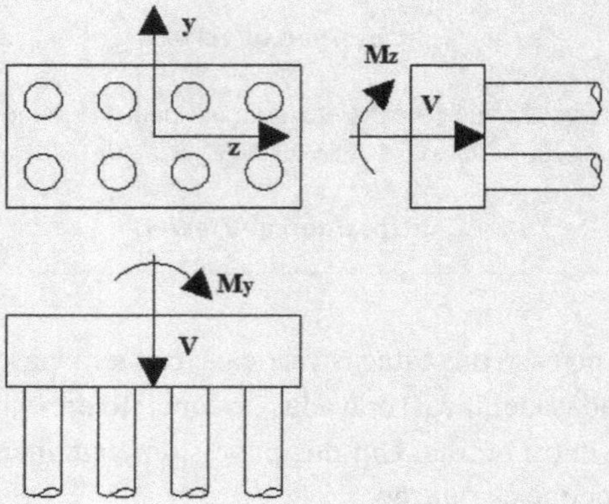

$$N_i = \frac{V}{\sum estacas} \pm M_z \frac{y_i}{\sum y_i^2} \pm M_y \frac{z_i}{\sum z_i^2}$$

Conjunto de estacas inclinadas a 15°

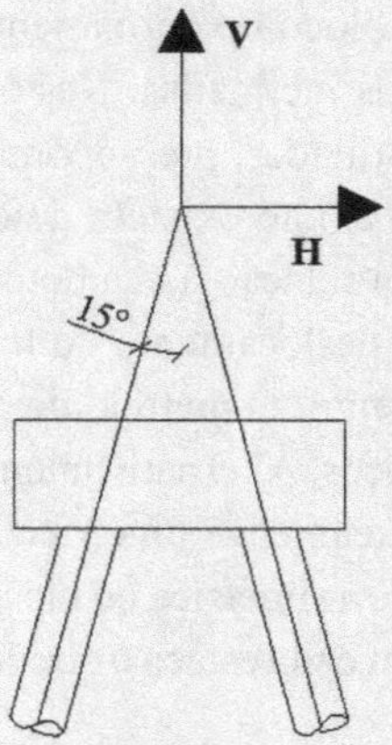

$$N_1 = \frac{V}{2\cos 15°} - \frac{H}{2\sin 15°}$$

$$N_2 = \frac{V}{2\cos 15°} + \frac{H}{2\sin 15°}$$

Capacidade de carga para estacas inclinadas submetidas a esforços de tração

Como explicado anteriormente, uma das aplicações de estacas inclinadas é absorver esforços horizontais. Quando os esforços horizontais são majoritários, e dependendo da inclinação das estacas, pode ser o caso de que alguma estaca funcione à tração. Nesse caso, são dois os mecanismos de ruptura do conjunto solo-estaca: ou pode haver ruptura da interface solo-estaca ou pode haver ruptura no solo, formando uma superfície cônica (esses mecanismos são mostrados na Figura 3).

A estimativa de capacidade de carga é feita levando em consideração esses dois mecanismos, sendo adotada a de resultado menor. No mais das vezes, o mecanismo que limita a capacidade de carga é a ruptura pela interface solo-estaca, exceto nos casos em que o comprimento da estaca é muito pequeno.

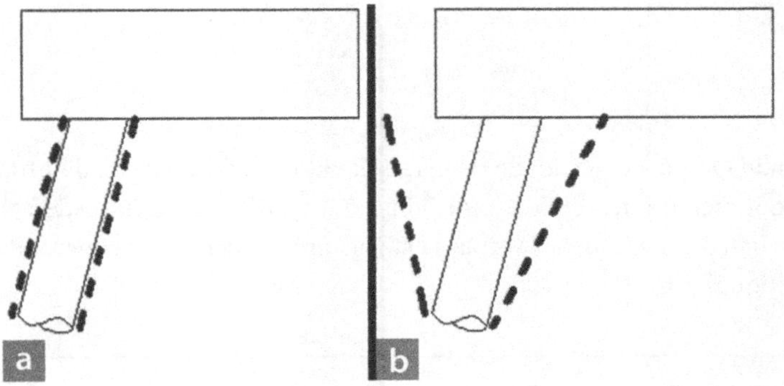

Figura 3. Mecanismos de ruptura da estaca submetida à tração: a) ruptura interface solo-estaca; b) superfície solo-solo com superfície cônica.

Ruptura solo-estaca

O rompimento da estaca segundo o mecanismo de ruptura solo-estaca em estacas submetidas à tração segue o mesmo procedimento para estimativa da capacidade de carga em estacas submetidas a esforços de compressão, podendo ser utilizados os mesmos métodos (entretanto, no caso de estacas submetidas à tração, não há o componente de resistência de ponta). Utilizando, por exemplo, o método de Décourt-Quaresma, de 1978, que se baseia em resultados obtidos pelo ensaio de penetração à percussão (SPT – *standard penetration test*), escreve-se a resistência lateral da estaca, dada em tf/m^2, como:

$$Q_{l,ult} = A_l \tau_{l,ult} = A_l \left(\frac{\overline{N}}{3} + 1\right)$$

Onde A_l é a área lateral da estaca, $\tau_{l,ult}$ é a resistência lateral unitária da estaca e $\overline{N}$ é a média dos valores de N ao longo do fuste. Valores de N menores que 3 devem ser considerados iguais a 3, assim como valores de N maiores que 50 devem ser considerados iguais a 50.

O método de Décourt-Quaresma foi inicialmente pensado para estacas pré-moldadas de concreto, mas foi adaptado para outros tipos de estacas ao longo do tempo a partir de coeficientes de ajuste. Adicionalmente, a carga estimada da estaca recebe um coeficiente de segurança. Desse modo, introduzindo o coeficiente de segurança e o coeficiente de ajuste segundo o tipo de estaca, obtém-se:

$$Q_{adm} = \beta \frac{Q_{l,ult}}{1{,}3}$$

Onde $Q_{l,ult}$ é a capacidade de carga devido ao atrito lateral da estaca, β é um coeficiente introduzido para lidar com os diferentes tipos de estacas e solos (listados na Tabela 1) – para estacas pré-moldadas de concreto o valor de β é igual a 1.

Tabela 1. Valores de β para diferentes tipos de solo e estacas.

	Tipo de estaca				
Tipo de solo	**Escavada**	**Escavada (bentonita)**	**Hélice contínua**	**Raiz**	**Injetada altas pressões**
Argilas	0,80	0,90	1,00	1,50	3,00
Solos intermediários	0,65	0,75	1,00	1,50	3,00
Areias	0,50	0,60	1,00	1,50	3,00

Ruptura superfície cônica

Outro tipo de ruptura que pode acontecer em estacas inclinadas submetidas a esforços de tração é a ruptura segundo uma superfície cônica. Para isso, o ângulo da estaca inclinada não pode ser maior do que o ângulo de atrito do solo, sob pena de diminuição drástica da capacidade de carga. Desse modo, a expressão para estimar a capacidade de carga de estacas inclinadas submetidas à tração é escrita como (o coeficiente de segurança mínimo recomendado, neste caso, é 2):

$$Q_{ult} = \pi\mu^2 L^2 \left(\frac{p + \frac{\gamma L}{3}}{\sqrt{1 + \tan^2 \alpha}} + \frac{c}{\mu}\sqrt{1 + \tan^2 \alpha} \right)$$

Onde Q_{ult} é a capacidade de carga da estaca inclinada submetida a esforço de tração devido à ruptura cônica, α é o ângulo de inclinação da estaca (que deve ser menor do que o ângulo de atrito do solo), $\mu = tan\ \varphi$ é coeficiente de atrito do solo, p é a sobrecarga aplicada sobre o terreno, c é a coesão do solo e γ é o peso específico do solo.

Exercícios

1. Quando e por que as estacas inclinadas devem ser empregadas?

a) As estacas inclinadas devem ser aplicadas quando os esforços verticais são muito maiores do que os esforços horizontais em uma estrutura. As estacas inclinadas devem ser empregadas para absorverem os esforços verticais.

b) As estacas inclinadas devem ser empregadas em qualquer estrutura, para absorver os esforços horizontais.

c) As estacas inclinadas devem ser empregadas em qualquer estrutura, para absorver os esforços verticais.

d) As estacas inclinadas devem ser empregadas em estruturas em que os esforços horizontais são da ordem de grandeza dos esforços verticais. Seu emprego é fundamental para a absorção dos esforços horizontais.

e) As estacas inclinadas devem ser empregadas apenas em estruturas nas quais existem somente esforços horizontais. Sua função é absorver esses esforços.

2. Quais são as cargas de cada uma das estacas da imagem a seguir (usar método de Nökkentved)? A carga vertical está aplicada exatamente no meio do bloco.

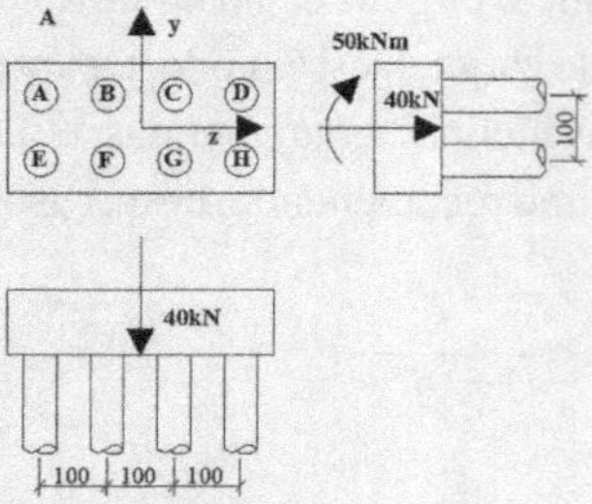

a) N_A = N_B = N_C = N_D = 17,5 kN N_E = N_F = N_G = N_H = – 7,5 kN.

b) N_A = N_B = N_C = N_D = – 7,5k N N_E = N_F = N_G = N_H = 17,5 kN.

c) N_A = N_B = N_C = N_D = – 17,5 kN N_E = N_F = N_G = N_H = – 7,5 kN.

d) N_A = N_E = 17,5 kN N_B = N_F = 7,5 kN N_C = N_G = – 7,5 kN N_D = N_H = – 17,5 kN.

e) N_A = N_E = – 17,5 kN N_B = N_F = – 7,5 kN N_C = N_G = 7,5 kN N_D = N_H = 17,5 kN.

3. Calcule os esforços normais das estacas A e B conforme imagem a seguir e segundo o método de Nökkentved.

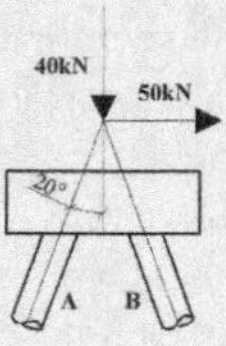

a) N_A = 51,81 kN N_B = 94,38 kN.

b) N_A = -51,81 kN N_B = -94,38 kN.

c) N_A = -51,81 kN N_B = 94,38 kN.

d) N_A = 94,38 kN N_B = -51,81 kN.

e) N_A = -94,38 kN N_B = 51,81 kN.

4. Deseja-se saber o valor estimado de capacidade de carga admissível à tração de uma estaca do tipo pré-moldada em concreto. Sabe-se que será executada em solo arenoso, possuindo 5 metros de comprimento. O valor médio de N do solo, por meio de ensaio SPT, nesse caso, é de 25 golpes. O diâmetro da estaca é de 40 cm. Sabe-se que o mecanismo de ruptura da estaca é dado na interface solo-estaca. Utilize o método de Décourt-Quaresma para fazer a estimativa.

a) O valor da capacidade de carga estimada é de, aproximadamente, 58,64 tf.

b) O valor da capacidade de carga estimada é de, aproximadamente, 45,11 tf.

c) O valor da capacidade de carga estimada é de, aproximadamente, 76,23 tf.

d) O valor da capacidade de carga estimada é de, aproximadamente, 36,08 tf.

e) O valor da capacidade de carga estimada é de, aproximadamente, 13,53 tf.

5. Considere uma estaca de comprimento L = 5 m, com inclinação de 15 graus, em um solo arenoso com $c = 12 tf/m^2$, φ

= 30 graus e $\gamma = 18\ kN/m^3$. Qual é a capacidade de carga teórica dessa estaca se for submetida a esforços de tração se a ruptura acontecer conforme uma superfície cônica? Considere que não há sobrepeso e desconsidere os coeficientes de segurança.

a) A capacidade de carga estimada é de 3.183 kN.

b) A capacidade de carga estimada é de 4.127 kN.

c) A capacidade de carga estimada é de 2.121 kN.

d) Não é possível calcular, pois o diâmetro da estaca não foi informado.

e) A capacidade de carga estimada é de 3.183 kN.

Leituras recomendadas

ALONSO, U. R. *Dimensionamento de fundações profundas*. São Paulo: Edgard Blücher, 2003.

ASSOCIAÇÃO BRASILEIRA DE NORMAS TÉCNICAS. *ABNT NBR 6484:2001*. Solo - Sondagens de simples reconhecimento com SPT - Método de ensaio. Rio de Janeiro: ABNT, 2001.

ASSOCIAÇÃO BRASILEIRA DE NORMAS TÉCNICAS. *ABNT NBR 12069:1991*. Solo - Ensaio de penetração de cone in situ (CPT) - Método de ensaio. Rio de Janeiro: ABNT, 1991.

GIULIANO. Cálculo da capacidade de carga de fundações em estacas pelo SPT. *Engenheiro no Canteiro*, 09 abr. 2015. Disponível em: <http://engenheironocanteiro.com.br/calculo-da-capacidade-de-carga-de-fundacoes-em-estacas-pelo-spt/>. Acesso em: 24 jan. 2018.

PLAGEMANN, W.; LANGNER, W. *Die Grundung von Bauwerken, Teil 2*. Leiptzig: BSB B.G. Teubner Verlagsgesellschaft, 1973.

TONHÁ, A. C. F.; ANGELIM, R. R. Capacidade de carga de fundações e verificação de recalques a partir de parâmetros do ensaio Panda 2 e de outros ensaios in situ. *Revista Eletrônica de Engenharia Civil*, v. 14, n. 1, p. 50-65, jan./jun. 2018. Disponível em: <https://www.revistas.ufg.br/reec/article/download/42593/pdf>. Acesso em: 24jan. 2018.

VELLOSO, D. A.; LOPES, F. R. *Fundações*. Cubatão: Oficina de Textos, 2011.

Distribuição de cargas em estacas e tubulões

Objetivos de aprendizagem

Ao final deste texto, você deve apresentar os seguintes aprendizados:

- Reconhecer o mecanismo de distribuição de cargas em estacas e tubulões.
- Identificar a capacidade de cargas por meio do método de Décourt-Quaresma.
- Definir a capacidade de carga em estacas ou tubulões submetidos a esforços de tração e estacas inclinadas.

Introdução

A distribuição de cargas em estacas e tubulões envolve os conceitos fundamentais das parcelas de capacidade de carga nesses elementos. Parte da resistência das estacas e dos tubulões se deve à ponta desses elementos e a outra parte se deve ao atrito lateral dos elementos com o solo.

Do ponto de vista econômico e de segurança, é primordial que o engenheiro entenda o mecanismo de distribuição de carga e a aplicação dos métodos para avaliação da capacidade de carga de estacas e tubulões, disponíveis na literatura.

Mecanismo de distribuição de carga

Usualmente, considera-se que a capacidade de carga de uma estaca é determinada por duas parcelas de contribuição distintas: uma delas é pela resistência promovida pelo atrito lateral entre o solo e a estaca; a outra é pela resistência de ponta da estaca.

A avaliação e a predição da capacidade de carga de estacas e tubulões pode ser obtida por meio de formulações baseadas em métodos estáticos. Os métodos estáticos são classificados em: racionais ou teóricos, semiempíricos e empíricos.

Os métodos racionais ou teóricos são baseados em soluções teóricas de capacidade de carga e parâmetros do solo (baseados em equações e modelos da mecânica dos solos). Os métodos semiempíricos são baseados em ensaios *in situ* de penetração (ou SPT ou CPT), enquanto os métodos empíricos oferecem uma previsão de capacidade de carga baseada nas camadas de solo atravessadas (este último oferece uma aproximação grosseira da capacidade de carga).

Nos métodos estáticos, a capacidade de carga da estaca ou do tubulão é escrita como (estas parcelas são representadas na Figura 1):

$$Q_{ult} = Q_{p,ult} + Q_{l,ult} - W$$

Onde:

Q_{ult} = capacidade de carga da estaca/tubulão;

$Q_{p,ult}$ = parcela da capacidade de carga promovida pela ponta da estaca/tubulão;

$Q_{l,ult}$ = parcela da capacidade de carga devido ao atrito lateral entre o solo e a estaca/tubulão;

W = peso próprio da estaca/tubulão (frequentemente, esse termo é desprezado por ser pequeno).

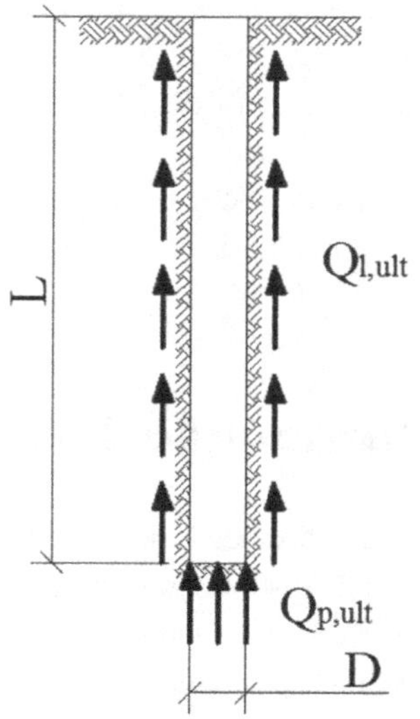

Figura 1. Representação das parcelas de capacidade de carga da estaca.

Os termos $Q_{p,ult}$ e $Q_{l,ult}$ podem, ainda, ser abertos, de forma que:

$$Q_{ult} = A_b q_{ult} + U \int_0^L \tau_{l,ult} dz - W$$

Onde:
A_b = área da base da estaca/tubulão;
q_{ult} = resistência unitária (ou seja, por unidade de área) do solo;
U = perímetro da estaca;
$\tau_{l,ult}$ = resistência lateral unitária (proveniente do atrito solo-estaca/tubulão).

A integração da capacidade de carga devido ao atrito lateral é feita sobre a profundidade da estaca/do tubulão, contemplando, assim, os diferentes valores da resistência lateral, conforme tipos de solos encontrados em cada camada.

Dentro dos métodos racionais ou teóricos, há uma divisão conforme a parcela de contribuição para a capacidade de carga. A resistência de ponta ou base tem como origem descrições datadas do início do século XX, propostas por Verendeel e Bénabenq e baseadas na teoria da plasticidade. Dentre as diversas soluções propostas, com diferentes idealizações dos estados de ruptura, salientam-se as de: Terzaghi (1948), que admitia a ruptura do solo juntamente com o deslocamento do solo para os lados e para cima; Meyerhof (1951), com um modelo bastante próximo ao de Terzaghi, com a diferença de considerar diferente linha de ruptura; Berezantzev e colaboradores (2018); Vésic (1975). Os métodos têm coeficientes que dependem do tipo de solo e, algumas vezes, do tipo de estaca.

A resistência lateral é análoga à resistência ao deslizamento de um sólido. Desse modo, ela pode ser representada como a soma de dois termos:

$$\tau_{ult} = a + \sigma_h \tan \delta$$

onde a é a aderência entre estaca e o solo, σ_h é a tensão horizontal contra a superfície lateral da estaca e δ é o ângulo de atrito entre a estaca e o solo.

Assim como no caso da resistência de ponta, o atrito lateral foi estudado por diversos pesquisadores (inclusive pelos que estudaram a resistência de ponta de estacas). Diferentes abordagens foram produzidas conforme o tipo de estaca e o tipo de solo.

Como dito anteriormente, os métodos semiempíricos são baseados em ensaios *in situ* de penetração (ou SPT ou CPT). O CPT (*cone penetration test*) é um teste no qual um equipamento hidráulico empurra uma ponta de cone contra o solo. O cone é instrumentado de forma a medir a resistência necessária para penetrar no solo a uma velocidade constante. É acoplado, também, um piezômetro para coletar dados de pressão de água. No fim do teste, consegue-se determinar os seguintes parâmetros do solo: ângulo de atrito efetivo, coeficiente de adensamento, capacidade de rolamento e comportamento do assentamento de uma fundação. Outras informações podem ser retiradas do solo com este teste (um exemplo é a condutividade elétrica do solo).

Métodos baseados no CPT são recorrentes na literatura (o primeiro método foi proposto em 1936, pelo Laboratório Delf da Holanda). A grande razão para haver tantos métodos baseados no CPT é a similaridade entre o CPT e o comportamento das estacas no solo. Entre os métodos mais conhecidos, estão o Método de De Beer, o Método de Holeyman e o Método do LCPC (Laboratoire Central des Ponts et Chaussées).

Link

Acesse o link a seguir para ver a execução de uma sondagem SPT.

https://goo.gl/PKfOPC

No Brasil, boa parte das sondagens de solo é feita a partir da sondagem SPT (*standard penetration test*), também conhecida como sondagem à percussão. Esse tipo de sondagem apresenta como grandes vantagens rapidez, facilidade e custo. Com este ensaio, é possível identificar as camadas que compõem o solo, bem como classifica-las e determinar o nível do lençol freático. A partir desses dados, estimam-se as propriedades geotécnicas do solo. Assim como no caso dos métodos baseados no CPT, existem inúmeros métodos baseados nos resultados do SPT. Os mais utilizados no Brasil são: Método de Meyerhof, Método de Aoki-Velloso, Método de Décourt-Quaresma, Método de Velloso, Método de Teixeira, entre outros.

Método de Décourt-Quaresma

Entre os métodos utilizados no Brasil, um dos mais utilizados é o Décourt-Quaresma. O método, proposto por Décourt e Quaresma em 1978, estima a capacidade de carga a partir do ensaio SPT para estacas pré-moldadas de concreto. A resistência de ponta unitária é estimada como sendo, em tf/m^2:

$$q_{p,ult} = CN,$$

onde C é um valor que depende do tipo de solo e N é a média do ensaio de SPT para uma profundidade imediatamente anterior e imediatamente posterior à ponta da estaca.

Para a Tabela 1, utilize $C(tf/m^2)$.

Tabela 1. Valores de C para diferentes tipos de solo.

Tipo de solo	
Argilas	12
Siltes argilosos (alteração de rocha)	20
Siltes arenosos (alteração de rocha)	25
Arenosos	40

Para o atrito lateral, existem duas versões: a primeira é de 1978 e a segunda, aperfeiçoada, de 1982. A segunda versão considera o mesmo cálculo para a estimativa de capacidade de carga da ponta da estaca. Entretanto, para a resistência lateral unitária, dada em tf/m^2, é considerada a seguinte expressão:

$$\tau_{l,ult} = \frac{\overline{N}}{3} + 1$$

onde $\overline{N}$ é a média dos valores de N ao longo do fuste. Valores de N menores que 3 devem ser considerados iguais a 3, assim como valores de N maiores que 50 devem ser considerados iguais a 50.

Fique atento

No Método de Décourt-Quaresma, originalmente, a estimativa de capacidade de carga devido ao atrito lateral não dependia do tipo de solo. Isto é, dependia apenas dos valores de *N* obtidos no ensaio de SPT.

Coeficientes de segurança

O coeficiente global de segurança, *F*, para dimensionamento da capacidade de carga da estaca é composto por coeficientes parciais, sendo descrito pela expressão:

$$F = F_p F_f F_d F_w$$

onde F_p é o coeficiente de segurança relativo à determinação dos parâmetros do solo (sugere-se o valor de 1,1 para o atrito lateral e 1,35 para a ponta), F_f é o coeficiente de segurança devido à formulação adotada (igual a 1), F_d é o coeficiente de segurança para evitar recalques excessivos (1 para atrito lateral e 2,5 para resistência de ponta) e F_w é o coeficiente de segurança relativo à carga de trabalho da estaca (1,2).

Saiba mais

Como o método de Décourt-Quaresma foi inicialmente idealizado para estacas cravadas em concreto pré-moldado, o valor tanto de α quanto de β é igual a 1 para esse tipo de estaca.

Desse modo, obtém-se o valor de 1,3 para o atrito lateral e 4 para a resistência de ponta. A carga admissível na estaca, Q_{adm}, é, portanto, igual a:

$$Q_{adm} = \beta \frac{Q_{l,ult}}{1,3} + \alpha \frac{Q_{p,ult}}{4}$$

onde $Q_{l,ult}$ é a capacidade de carga devido ao atrito lateral da estaca, $Q_{p,ult}$ é a capacidade de carga devido à resistência de ponta da estaca, α e β são coeficientes introduzidos posteriormente para lidar com os diferentes tipos de estacas (listados na Tabela 2) – para estacas pré-moldadas de concreto o valor de α e β é igual a 1.

Tabela 2. Valores de α e β para diferentes tipos de solo e estacas.

Tipo de solo	Tipo de estaca									
	Escavada		Escavada (bento-nita)		Hélice contínua		Raiz		Injetada altas pressões	
	α	β	α	β	α	β	α	β	α	β
Argilas	0,85	0,80	0,85	0,90	1,00	1,00	1,50	1,50	1,00	3,00
Solos interme-diários	0,60	0,65	0,60	0,75	0,30	1,00	0,60	1,50	1,00	3,00
Areias	0,50	0,50	0,50	0,60	0,30	1,00	0,50	1,50	1,00	3,00

Exemplo

Determine a capacidade de carga de uma estaca pré-moldada cravada com seção transversal circular de concreto com profundidade de 8,50 m e diâmetro de 40 cm para o seguinte resultado de SPT em silte argiloso:

Profundidade (m)	1,00	2,00	3,00	4,00	5,00	6,00	7,00	8,00	9,00
N_{spt}	2	1	3	8	15	21	25	30	29

Assim, carga de ruptura de ponta unitária é escrita como (com $C = 20tf/m^2$ de acordo com a Tabela 1):

$$q_{p,ult} = CN = 20\left(\frac{30+29}{2}\right) = 590tf/m^2$$

Como a área da estaca é $A_p = \pi R^2 \sim 0{,}125 m^2$, a capacidade de carga de ponta é escrita como:

$$Q_{p,ult} = A_p q_{p,ult} = 74{,}1tf$$

A parcela da capacidade de carga por atrito lateral unitária é escrita como:

$$\tau_{l,ult} = \frac{\bar{N}}{3} + 1$$

Para o cálculo de $\bar{N}$, considera-se o conjunto (3, 3, 3, 8, 15, 21, 25, 30) – desconsidera-se o valor para a profundidade de 9 m, pois é mais profunda que a estaca – de modo que a soma é igual a 108, o que resulta em $\bar{N}$ = 13,5. Assim:

$$\tau_{l,ult} = \frac{13{,}5}{3} + 1 = 5{,}5tf/m^2$$

A área lateral da estaca é dada pelo perímetro multiplicado pela profundidade da estaca, resultando em $A_l = 2\pi Rh \sim 10{,}68 m^2$. Desse modo:

$$Q_{l,ult} = A_l \tau_{l,ult} = 58{,}7tf$$

A capacidade de carga da estaca, incluindo os fatores de segurança, é estimada como:

$$Q_{adm} = \frac{Q_{l,ult}}{1{,}3} + \frac{Q_{p,ult}}{4} = \frac{58{,}7tf}{1{,}3} + \frac{74{,}1tf}{4} = 63{,}7tf$$

Estacas submetidas a esforços de tração e estacas inclinadas

A seguir, serão detalhadas as situações dos esforços de tração e das estacas inclinadas.

Estacas submetidas a esforços de tração

Uma situação que não é muito anormal é a de estacas submetidas a esforços de tração. Esse tipo de esforço pode ser permanente (ancoragem de laje de subpressão) ou variável (fundações de pontes, torres de transmissão, aerogeradores, entre outros).

De modo geral, para uma estaca ou um tubulão, a sua capacidade de carga trabalhando à tração ou é dada pela ruptura na interface solo-estaca (denotada pela Figura 2a) ou segundo uma superfície cônica (conforme ilustrada pela Figura 2b), sendo válido o menor valor entre esses dois mecanismos de ruptura.

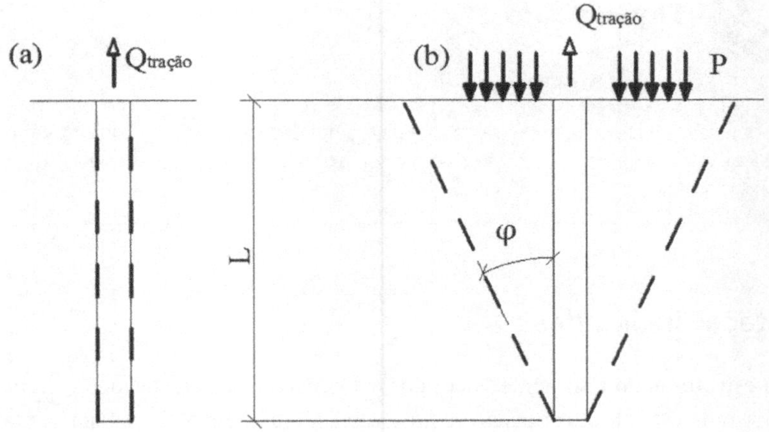

Figura 2. Representação dos mecanismos de ruptura em estacas submetidas a esforços de tração.

A capacidade de carga para estaca ou tubulão submetidos a esforço de tração estimada levando em consideração o mecanismo (a) da Figura 2 é feita como no caso da capacidade de carga da estaca à compressão. Já para o mecanismo (b), sugere-se a seguinte expressão, proposta por Plagemann e Langner (1973):

$$Q_{l,ult} = \pi\mu^2 L^2 \left(p + \frac{\gamma L}{3} + \frac{c}{\mu}\right)$$

onde $Q_{l,ult}$ é a capacidade de carga da estaca submetida a esforço de tração devido à ruptura cônica, $\mu = \tan\varphi$ é o coeficiente de atrito do solo, p é a sobrecarga aplicada sobre o terreno, c é a coesão do solo e γ é o peso específico do solo.

Despreza-se, por razão de segurança, o peso da estaca. No mais das vezes, a ruptura acontece na interface solo-estaca, ocorrendo a ruptura cônica apenas quando a base da estaca é alargada. Recomendam-se fatores de segurança maiores para o caso de esforços de tração em relação aos esforços de compressão.

Fique atento

Na ausência de coesão do solo (que ocorre geralmente em solos arenosos) e de sobrecarga, a capacidade de carga da estaca submetida a esforço de compressão é igual ao peso de um cone de solo com o semiângulo do vértice igual ao ângulo de atrito do solo.

Estacas inclinadas

Em estruturas do tipo ponte, além dos esforços verticais (causados pelo peso próprio da estrutura, cargas acidentais, etc.), há também esforços horizontais, ocasionados por frenagem, força centrípeta (no caso de curvas), entre outros. Existem duas abordagens para a absorção dos esforços horizontais: a primeira é considerar que as estacas ou os tubulões funcionam como um pilar engastado, no qual os esforços horizontais geram momento de flexão sobre o elemento de fundação; a outra é utilizar estacas inclinadas (com relação a vertical), de modo que os esforços horizontais sejam absorvidos axialmente (como compressão ou tração) pelas estacas inclinadas. Apesar de as estacas inclinadas levarem à redução dos deslocamentos, sua execução é complicada, porque introduz um novo parâmetro de controle (que é o ângulo de inclinação com relação à vertical). Esse tipo de solução deve ser pensado em conjunto com o executor, verificando a capacidade técnica do mesmo para que não haja problema. Além disso, o ângulo da estaca inclinada não pode ser maior do que o ângulo de atrito do solo, sob pena de diminuição drástica da capacidade de carga. Desse modo, a expressão para estimar a capacidade de carga de estacas inclinadas submetidas à tração é escrita como (o coeficiente de segurança mínimo recomendado, neste caso, é 2):

$$Q_{ult} = \pi \mu^2 L^2 \left(\frac{p + \frac{\gamma L}{3}}{\sqrt{1 + \tan^2 \alpha}} + \frac{c}{\mu} \sqrt{1 + \tan^2 \alpha} \right)$$

onde Q_{ult} é a capacidade de carga da estaca inclinada submetida a esforço de tração devido à ruptura cônica, α é o ângulo de inclinação da estaca (que deve ser menor do que o ângulo de atrito do solo), $\mu = \tan \varphi$ é coeficiente de atrito do solo, p é a sobrecarga aplicada sobre o terreno, c é a coesão do solo e γ é o peso específico do solo.

Exercícios

1. Como acontece a distribuição de carga em tubulões/estacas?

a) Ocorre pelas resistências de pontas, nas interfaces da ponta da estaca com o solo e da ponta da estaca com o bloco de coroamento e pela resistência de atrito lateral.

b) Ocorre pela ponta da estaca apenas.

c) Ocorre tanto pela resistência de ponta quanto pelo atrito lateral da estaca com o solo.

d) Ocorre pela resistência de ponta ou pelo atrito lateral da estaca/do tubulão com o solo.

e) Ocorre exclusivamente pelo atrito lateral da estaca/do tubulão com o solo.

2. Os métodos para predição da capacidade de carga em estacas podem ser estáticos ou dinâmicos. Dentro dos métodos estáticos, existe a seguinte classificação: métodos racionais, semiempíricos e empíricos. Qual das alternativas está correta?

a) Os métodos racionais são baseados em resultados de campo.

b) Os modelos semi-empíricos oferecem uma estimativa da capacidade de carga a partir de ensaios *in situ* de penetração (ou SPT ou CPT).

c) Os modelos empíricos oferecem uma estimativa da capacidade de carga a partir de ensaios *in situ* de penetração (ou SPT ou CPT).

d) A resistência por atrito lateral é apenas considerada em modelos dinâmicos.

e) Os modelos teóricos são baseados em ensaios de penetração *in situ* (ou SPT ou CPT).

3. A capacidade de carga estimada pelo método de Décourt-Quaresma depende de quais fatores (além, é claro, do comprimento e do diâmetro da estaca)?

a) Tipo do solo e valor local de *N* para a resistência de ponta, da média de *N* para o atrito lateral e do tipo de estaca para o fator de segurança.

b) Tipo da estaca e valor médio de *N*.

c) Valor médio de *N*, exclusivamente.

d) Tipo de estaca e tipo de solo.

e) Tipo de solo e valor médio de *N*.

4. Segundo o método de Décourt-Quaresma, a capacidade de carga admissível (depois de aplicados os coeficientes de segurança) de uma estaca do tipo raiz em solo arenoso é de 20tf (13 tf devido ao atrito lateral e 7tf devido à resistência de ponta). Qual seria a capacidade de carga estimada se essa estaca fosse do tipo pré-moldada de concreto?

a) Q_{ult} = 56tf, onde $Q_{l,ult}$ = 32tf e $Q_{p,ult}$ = 14tf.

b) Q_{ult} = 52,47tf, onde $Q_{l,ult}$ = 33,8tf e $Q_{p,ult}$ = 18,67tf.

c) Q_{ult} = 22,67tf, onde $Q_{l,ult}$ = 8,67tf e $Q_{p,ult}$ = 14tf.

d) Q_{ult} = 22,67tf, onde $Q_{l,ult}$ = 14tf e $Q_{p,ult}$ = 8,67tf.

e) Q_{ult} = 52,47tf, onde $Q_{l,ult}$ =18,67tf e $Q_{p,ult}$ = 33,8tf

5. Qual é a capacidade de carga teórica, em tf, para uma estaca submetida a esforço de tração, segundo Plagemann e Langner (1973)? Considere que: não há coesão do solo (solo arenoso); não há sobrecarga; a ruptura acontece segundo uma superfície cônica. Dados: o comprimento da estaca é L = 4m, o peso específico do solo é $19kN/m^3$ e o coeficiente de atrito do solo é 0,7.
   a) 52,34tf.
   b) 523,4tf.
   c) 6,24tf.
   d) 624tf.
   e) 62,4tf.

Referências

BEREZANTZEV, V. G. et al. *Load Bearing Capacity and Deformation of Piled Foundations*. International Society for Soil Mechanics and Geotechnical Engineering. London, 2018. Disponível em: <https://www.issmge.org/uploads/publications/1/40/1961_02_0002.pdf>. Acesso em: 26 fev. 2018.

MEYERHOF, G. G. The ultimate bearing capacity of foundations. *Geotechnique*, v. 2, n. 4, p. 301-332, 1951.

PLAGEMANN, W.; LANGNER, W. *Die Grundung von Bauwerken,* Teil 2. Leiptzig: BSB B.G. Teubner Verlagsgesellschaft, 1973.

TERZAGHI, K. *Theoretical Soil Mechanics*. 4. ed. Michigan: John Wiley and Sons, 1948.

VÉSIC, A. S. Bearing capacity of shallow foundations. In: *H. F. Winterkorn*. H. Y. Fang (Ed.); New York: Van Nostrand Reinhold Co., 1975.

Leituras recomendadas

ASSOCIAÇÃO BRASILEIRA DE NORMAS TÉCNICAS. *ABNT NBR 6484:2001*. Solo - Sondagens de simples reconhecimento com SPT - Método de ensaio. Rio de Janeiro: ABNT, 2001.

ASSOCIAÇÃO BRASILEIRA DE NORMAS TÉCNICAS. *ABNT NBR 12069:1991*. Solo - Ensaio de penetração de cone in situ (CPT) - Método de ensaio. Rio de Janeiro: ABNT, 1991.

TOGNETTI, G. Cálculo da capacidade de carga de fundações em estacas pelo SPT. *Engenheiro no Canteiro*, 09 abr. 2015. Disponível em: <http://engenheironocanteiro.com.br/calculo-da-capacidade-de-carga-de-fundacoes-em-estacas-pelo-spt/>. Acesso em: 24 jan. 2018.

TONHÁ, A. C. F.; ANGELIM, R. R. Capacidade de carga de fundações e verificação de recalques a partir de parâmetros do ensaio Panda 2 e de outros ensaios in situ. *Revista Eletrônica de Engenharia Civil*, v. 14, n. 1, p. 50-65, jan./jun. 2018. Disponível em: <https://www.revistas.ufg.br/reec/article/download/42593/pdf>. Acesso em: 24 jan. 2018.

VELLOSO, D. A.; LOPES, F. R. *Fundações*. Cubatão: Oficina de Textos, 2011.

Cálculo estrutural de fundações profundas, controle de execução e provas de carga

Objetivos de aprendizagem

Ao final deste texto, você deve apresentar os seguintes aprendizados:

- Descrever as premissas adotadas para o cálculo estrutural de fundações profundas.
- Aplicar os controles de execução de fundações profundas em uma obra.
- Diferenciar as provas de carga estáticas e dinâmicas.

Introdução

Neste capítulo, você vai estudar as fundações profundas, muito utilizadas no Brasil. No nosso país encontramos diversos tipos de solo, o que leva ao emprego de diferentes soluções de fundações (por exemplo, estaca cravada, estaca escavada, entre outras).

As fundações transmitem os esforços da supraestrutura para o solo, funcionando como um elemento estrutural que, por esse motivo, deve ser dimensionado como tal. É importante compreender os detalhes de cada tipo de fundação adotada para o seu dimensionamento estrutural. Também é necessário que se faça um controle executivo, com a finalidade de garantir que se reproduza aquilo que foi projetado. Uma das formas de verificar se as fundações foram feitas adequadamente é através das provas de carga. O conhecimento sobre as fundações profundas enquanto elemento estrutural é uma das obrigações de qualquer engenheiro civil.

Cálculo estrutural de fundações profundas

O cálculo estrutural de fundações profundas é, conforme a norma ABNT NBR 6122:2010, estabelecido pela carga admissível a partir da segurança à ruptura. Essa carga é determinada por meio de cálculo ou verificação experimental. A capacidade de carga da estaca ou tubulão é dada pela soma de duas parcelas: a capacidade de carga correspondente ao atrito lateral e a capacidade de carga de ponta. A capacidade de carga lateral resulta do atrito lateral do solo com a estaca/tubulão, o que acontece pela mobilização do solo ao redor do elemento estrutural. A capacidade de carga de ponta se dá pela carga transmitida da estrutura para o solo através da ponta da estaca/tubulão. Geralmente, a resistência propiciada pela ponta passa a existir somente após o solo sofrer recalques significativos, de modo que há limitação da consideração desse valor em caso de estacas escavadas.

Existem algumas alternativas quanto à avaliação da capacidade de carga das fundações profundas: ela pode ser determinada por métodos estáticos, provas de carga ou métodos dinâmicos.

Os métodos estáticos podem ser teóricos (embasados em teorias de mecânica dos solos), ou semiempíricos, utilizando uma base de dados proveniente de correlações de ensaios *in situ*. É importante frisar que os métodos precisam levar em consideração o tipo de solo (e suas propriedades mecânicas), o tipo e as características da estaca, entre outros.

Os métodos dinâmicos buscam estimar a capacidade de carga das fundações profundas buscando prever o seu comportamento sob a ação de carregamentos dinâmicos. Entre os métodos, estão as fórmulas dinâmicas e métodos que usam a equação da onda. Os testes dinâmicos usam sensores de aceleração, força e deslocamentos.

A carga estrutural admissível para as estacas/tubulões depende, também, do seu tipo, como se destaca a seguir:

- **Estacas de madeira:** têm sua carga estrutural dada pela sua seção transversal mínima de acordo com o tipo e qualidade da madeira empregada. O seu dimensionamento está estabelecido na ABNT NBR 7190:1997.
- **Estacas de aço:** são constituídas por perfis laminados ou soldados, simples ou múltiplos. Seu dimensionamento se baseia na ABNT NBR 8800:2008. Em estacas totalmente enterradas no solo, deve-se tomar o cuidado específico com corrosão.
- **Estacas pré-moldadas em concreto:** podem ser em concreto armado ou protendido. Deve resistir não somente aos esforços atuantes como

elemento de fundação, mas também aos esforços de transporte, levantamento, cravação e quaisquer outros que ocorram até sua destinação final, não havendo restrições para dimensões e geometria. Reforços transversais na armadura devem ser executados para possibilitar a cravação sem danos estruturais à peça. Considera-se como fator de minoração da resistência do concreto o valor de $\gamma_c = 1,3$, quando há controle sistemático do concreto, e $\gamma_c = 1,4$, quando não há. É necessário que seja feita verificação da flambagem em estacas imersas em solo mole, considerando as características do solo e os vínculos da estaca. Esforços de tração decorrentes de cravação ou proximidade com outras estacas também devem ser avaliados.

- **Estacas moldadas *in loco*:** podem ser de vários tipos; para cada um deles há uma recomendação/indicação na norma (Quadro 1).

Quadro 1. Orientações da norma quanto ao cálculo estrutural de estacas moldadas *in loco*

Tipo da estaca	Perfuração	Armadura	Concreto	Resistência máxima considerada para carga
Broca	Trado manual ou mecânico. 20 cm ≤ ϕ ≤ 50 cm	Apenas quando há necessidade	$f_{ck} \geq 15$ *MPa* e $C_{cimento} \geq$ 300 kg/m³	$f_{ck} \leq 15$ *MPa* com minoração da resistência do concreto $\gamma_c = 1,8$
Hélice contínua	Rotação de hélice	Instalada depois da concretagem	$f_{ck} \geq 20$ *MPa* e $C_{cimento} \geq$ 350 kg/m³	$f_{ck} \leq 20$ *MPa* com minoração da resistência do concreto $\gamma_c = 1,8$
Strauss	Com tubo de revestimento, soquete e sonda. ϕ ≤ 50 cm	Podem ser armadas	$f_{ck} \geq 15$ *MPa* e $C_{cimento} \geq$ 300 kg/m³	$f_{ck} \leq 15$ *MPa* com minoração da resistência do concreto $\gamma_c = 1,8$
Franki	Cravação de tubo fechado, com alargamento da ponta	Armadura mínima	$C_{cimento} \geq$ 350 kg/m³	$f_{ck} \leq 20$ *MPa* com minoração da resistência do concreto $\gamma_c = 1,5$

Existem, ainda, dentro das estacas moldadas *in loco*, as estacas escavadas com uso de lama, estacas escavadas com injeção, estacas mistas, tubulões não revestidos, tubulões revestidos com camisa de concreto e tubulões com camisa de aço, que não foram listadas no Quadro 1.

Considerações gerais

É importante considerar outras questões no cálculo estrutural de fundações profundas; por exemplo, para a execução do bloco de coroamento, é obrigatório usar lastro de concreto magro com espessura de, no mínimo, 5 cm, devendo o topo da estaca ou tubulão acabado estar 5 cm sobre a altura final do lastro.

A carga admissível estrutural deve ser calculada de modo que a resistência do concreto, aço ou madeira sejam minoradas (para estacas em concreto, há alguns exemplos no Quadro 1) e que as cargas sejam majoradas, seguindo os preceitos dos coeficientes de segurança parciais. Para estacas de concreto armado ou protendido, as cargas são majoradas, com um coeficiente parcial $\gamma_f = 1{,}4$, enquanto a resistência do aço é minorada, com um coeficiente parcial $\gamma_s = 1{,}15$. O coeficiente de minoração do concreto γ_c depende do tipo de estaca, como pode ser visto no Quadro 1. Adicionalmente, admite-se um coeficiente de minoração da resistência do concreto igual a 0,85, que leva em conta a resistência do concreto sob ação de cargas de longa duração. Já no caso das estacas de madeira e aço, devem ser consideradas as normas específicas desses materiais. Além dos coeficientes parciais, deve-se levar em consideração o coeficiente global, cujo valor deve ser, no mínimo, igual a 2, com resistência obtida a partir de realização de prova de carga estática, conforme a ABNT NBR 12131:1992. Já para estacas de madeira e aço, valem as normas específicas para esses materiais. Em tubulões sem revestimento, o coeficiente de minoração da resistência do concreto deve ser assumido como $\gamma_c = 1{,}6$.

Controle de execução

O controle de execução é fundamental para garantir que as fundações se comportem de acordo com o projeto, atingindo valores de capacidade de carga condizentes ao seu dimensionamento e evitando problemas de segurança e funcionalidade da edificação. A ABNT NBR 6122:2010 sugere elementos que devem ser cuidadosamente analisados durante a execução, conforme o tipo de estaca.

Estacas cravadas

Em estacas cravadas, deve-se atentar para alguns pontos durante a execução: o comprimento real da estaca abaixo da cota de arrasamento (deve ser compatível com o projeto – comprimentos menores podem diminuir consideravelmente a capacidade da estaca) o suplemento utilizado (deve ser de acordo com o projeto, em tipo e comprimento); o desaprumo e o desvio de locação devem ser minimizados (o desaprumo da estaca e o desvio de locação podem gerar esforços não previstos em projeto, como, por exemplo, momentos e tensões de tração); o equipamento de cravação deve ser condizente com a cravação (do contrário, pode haver dano à estaca, por exemplo); as negas ou repiques devem ser próximos ao previsto em projeto no final da cravação e na recravação (resultados muito diferentes podem indicar estudo mal feito do solo ou configuração pontual do solo diferente, o que demandaria novo estudo); a qualidade dos materiais empregados; o consumo de material por estaca deve ser condizente com o projeto; deslocamento e levantamento de estacas vizinhas por efeito de cravação deve respeitar os limites previamente estabelecidos; o comportamento da armadura em estacas do tipo Franki armadas; volume de base e diagrama de execução; anormalidades na execução.

Além dos pontos descritos acima, o diagrama de cravação deve ser feito para, pelo menos, 10% das estacas, sendo obrigatoriamente incluídas as mais próximas aos furos de sondagem. Em caso de estacas moldadas *in loco*, faz-se necessário escavar as estacas, se possível até o nível d'água, para verificação da sua integridade. Se houver desconfiança sobre uma estaca, deve-se comprovar o seu comportamento, por prova de carga. Se, pelo seu comportamento, ela não for aprovada, deve ser substituída por outra. No caso de resultados não satisfatórios à prova de carga, o programa de prova de carga deve ser reestudado. Por fim, as provas de carga devem começar junto ao início da cravação das estacas. Desse modo, há tempo para verificar a implantação de novas soluções.

Fique atento

O controle de execução das estacas é imprescindível. Com ele é possível localizar possíveis problemas mais facilmente, gerando mais segurança e reduzindo os custos com readequações futuras.

Estacas escavadas

No caso das estacas escavadas, igualmente, deve-se ater a alguns pontos cruciais para verificação durante a execução: o comprimento real da estaca abaixo da cota de arrasamento (deve ser compatível com o projeto – comprimentos menores podem diminuir consideravelmente a capacidade da estaca); o suplemento utilizado (deve ser de acordo com o projeto, em tipo e comprimento); o desaprumo e o desvio de locação devem ser minimizados (o desaprumo da estaca e o desvio de locação geram esforços não previstos em projeto); características do equipamento de escavação (pode afetar a condição do solo no entorno da estaca); consumo de materiais por estaca, com comparação do consumo real com o teórico feito trecho a trecho (desse modo, garante-se que o diâmetro da estaca é compatível com o projeto ao longo de toda a estaca); controle e posicionamento da armadura durante a concretagem (para que a armadura absorva de forma adequada os esforços a ela solicitados); anormalidades na execução; anotação dos horários de início e fim das escavações e de cada etapa da concretagem; controle da qualidade da lama bentonítica, quando ela for utilizada (nesse caso, realizar teste de integridade em todas as estacas).

Adicionalmente, em obras com mais de 100 estacas com cargas de trabalho acima de 3000kN, recomenda-se, pelo menos, uma prova de carga, se possível em estaca instrumentada. Assim como no caso das estacas cravadas, se há desconfiança sobre uma estaca e seu comportamento não for satisfatório, deve-se fazer uma prova de carga ou a estaca deve ser substituída. Em caso de resultados não satisfatórios à prova de carga, o programa de prova de carga deve ser reestudado. As provas de carga devem iniciar de forma simultânea ao início da execução das primeiras estacas, de modo a possibilitar a implantação de novas soluções em tempo hábil.

<table>
<tr><th colspan="7">CONTROLE DE EXECUÇÃO DE ESTACAS</th></tr>
<tr><td colspan="3">Empreendimento</td><td colspan="4">Edifício Três Figueiras</td></tr>
<tr><td colspan="3">Localização</td><td colspan="4">Av. Três Figueiras, Erechim, Rio Grande do Sul</td></tr>
<tr><td colspan="3">Responsável técnico</td><td colspan="4">João Andrade</td></tr>
<tr><td colspan="3">Cargo</td><td colspan="4">Engenheiro Civil</td></tr>
<tr><td colspan="3">Empresa</td><td colspan="4">Fundação Firme Ltda. CNPJ 18.181.181/1818-18</td></tr>
<tr><td colspan="3">Projeto de Referência</td><td colspan="4">Fundações – Prancha F02-R04</td></tr>
<tr><td colspan="3">Identificação da Estaca</td><td colspan="4">EE-TM07</td></tr>
<tr><td colspan="3">Tipo de Estaca</td><td colspan="4">Estaca Escavada Trado Mecânico</td></tr>
<tr><th colspan="7">Dados da Escavação</th></tr>
<tr><td colspan="4">Profundidade teórica (m)</td><td colspan="3">8,00</td></tr>
<tr><td colspan="4">Diâmetro (cm)</td><td colspan="3">40</td></tr>
<tr><td colspan="5">Material que deve ser encontrado na cota final da escavação</td><td colspan="2">Rocha</td></tr>
<tr><td>Data</td><td>Hora Início</td><td>Hora Final</td><td>Profundidade Atingida (m)</td><td>Diâmetro (cm)</td><td>Data última chuva</td><td>Volume última chuva (mm)</td></tr>
<tr><td>28/08/2017</td><td>09:00</td><td>15:00</td><td>8,40</td><td>40</td><td>20/08/2017</td><td>15</td></tr>
<tr><td>X</td><td>X</td><td>X</td><td>X</td><td>X</td><td>X</td><td>X</td></tr>
<tr><td colspan="5">Ângulo da escavação com a vertical</td><td colspan="2">0°</td></tr>
<tr><td colspan="5">Material encontrado na cota final</td><td colspan="2">Rocha</td></tr>
<tr><td colspan="3">Descrição Equipamentos Utilizados</td><td colspan="4">Trado mecânico...</td></tr>
<tr><th colspan="7">Dados da concretagem</th></tr>
<tr><td colspan="2">Volume teórico (m³)</td><td>1</td><td colspan="2">Slump projeto (mm)</td><td colspan="2">120 ± 10</td></tr>
<tr><td colspan="2">f_{ck} (MPa)</td><td>30</td><td colspan="2">Concreteira</td><td colspan="2">Concreto Bom Ltda.</td></tr>
<tr><td colspan="2">Horário de saída do caminhão (Nota Fiscal)</td><td>07:30</td><td colspan="2">Horário de validade do concreto</td><td colspan="2">09:30</td></tr>
<tr><td>Caminhão Placa</td><td>Data</td><td>Hora Início</td><td>Hora Final</td><td>Volume de concreto (m³)</td><td>Slump (mm)</td><td>Corpos de prova</td></tr>
<tr><td>IJK-1820</td><td>30/08/2017</td><td>07:52</td><td>08:24</td><td>1,1</td><td>115</td><td>CP01, CP02, CP03, CP04, CP05, CP06</td></tr>
<tr><td>X</td><td>X</td><td>X</td><td>X</td><td>X</td><td>X</td><td>X</td></tr>
<tr><td colspan="2">Posicionamento Armadura</td><td>08:30</td><td>08:50</td><td colspan="3"></td></tr>
<tr><td colspan="2">Informações Adicionais</td><td colspan="5">A concretagem ocorreu de forma tranquila, sem anormalidades.
A armadura foi posicionada dentro do tempo de validade do concreto.
Corpos de prova serão submetidos à verificação de resistência.</td></tr>
</table>

Figura 1. Para cada estaca, deve ser preenchida uma tabela para o controle de execução. Neste exemplo, os dados sublinhados são preenchidos em obra.

Estacas escavadas com injeção

No caso das estacas escavadas com injeção, boletins técnicos devem ser feitos com as seguintes informações (para cada estaca): descrição do método executivo; diâmetro e profundidade da perfuração; diâmetro, espessura e profundidade do revestimento e indicação se ele será perdido ou recuperado; uso ou não de lama bentonítica; armadura longitudinal e estribos; pressões de injeção em cada cota; volume de calda ou argamassa injetada em cada estágio ou válvula (quando usado tubo de válvulas múltiplas) ou volume total; e, finalmente, características da calda/argamassa e maneira de preparo (deve constar a relação água/cimento, traço, identificação dos aditivos e quantidades, quando usados – os materiais precisam ser identificados por tipo e marca).

Tubulões e caixões

Na execução de tubulões e caixões, devem ser anotados: cotas de apoio e de arrasamento; dimensões reais da base alargada; material de apoio; equipamentos usados nas diferentes etapas; deslocamento e desaprumo; consumo de material durante a concretagem e comparação com volume previsto; qualidade dos materiais; anormalidades de execução e providências tomadas; inspeção do terreno de assentamento da fundação feito por profissional responsável.

Provas de carga

As provas de carga podem ser estáticas ou dinâmicas. No caso de provas de carga estáticas, as diretrizes estão expressas na ABNT NBR 12131:1992; já no caso das provas de carga dinâmicas, as diretrizes estão na ABNT NBR 13208:1994.

As provas de carga visam estabelecer o comportamento da curva carga *versus* deslocamento e, também, estimar a capacidade de carga das estacas, sendo aplicada a todo e qualquer tipo de estacas, verticais ou horizontais e independentemente da forma de execução.

Provas de carga estáticas

As provas de carga estáticas consistem na aplicação de esforços crescentes à estaca, realizando a medição dos deslocamentos correspondentes (tanto na ponta, quanto no topo da estaca, havendo a opção de realizar a medição em outras profundidades). Os esforços podem ser axiais (tanto de compressão quanto de tração) e transversais. Como exemplo de equipamentos de medição dessas deformações estão os extensômetros elétricos.

O dispositivo de aplicação de carga é constituído por macacos hidráulicos, de forma que a aplicação da carga seja gradual, estável e sem choques ou vibrações na estaca, garantindo, também, a direção de atuação dos esforços de forma compatível com o projeto. A capacidade dos macacos deve ser 20% superior à capacidade teórica prevista de carga da estaca. A carga pode ser aplicada sobre cargueiras, em estrutura metálica, conforme a Figura 2.

Figura 2. Prova de carga estática. Cargueira metálica, com carregamento feito com blocos de pedra. No centro da cargueira há um macaco hidráulico que faz a aplicação da carga sobre a estaca.

Fonte: Aisyaqilumaranas/Shutterstock.com.

O sistema de reação para as provas de carga estáticas pode ser:

- Plataforma carregada (cargueira): plataforma sustentada por cavaletes, com capacidade de carga compatível e que possua segurança. A massa da cargueira deve ter a possibilidade de superar a carga máxima prevista para a estaca em 20%. A segurança do sistema deve ser verificada durante todo o processo.
- Estruturas fixadas no terreno por meio de elementos tracionados: a fixação pode ocorrer sobre estacas dedicadas para o ensaio ou estacas definitivas usadas para a edificação, de modo que a capacidade dessas estacas seja cerca de 50% da capacidade estimada da estaca a ser testada.

Recomenda-se uma distância maior do que 5 vezes o diâmetro da estaca entre a estaca e cada um dos apoios do sistema de reação da prova, ou 2,5 vezes a largura da estaca (no caso de estacas não circulares), para minimizar os efeitos do sistema de reação sobre a estaca.

Os extensômetros (Figura 3) utilizados devem ser certificados pelo INMETRO e em número não inferior a quatro no topo da estaca, de modo que consigam realizar medições de deslocamento da ordem de 0,01 mm em eixos ortogonais. Deve-se atentar para que outros fatores (ventos, vibrações...) não influenciem as medidas dos extensômetros.

Figura 3. Extensômetros analógicos utilizados em uma prova de carga.
Fonte: fendyrodzi/Shutterstock.com.

A estaca a ser ensaiada deve estar devidamente identificada e documentada, sendo possível acessá-la durante todas as fases da obra para a realização da prova de carga. Para que o solo seja mobilizado de forma adequada, é necessário o intervalo mínimo de 3 dias entre a instalação da estaca e a prova de carga em solos não coesivos e 10 dias em solos coesivos, ou, no caso de estacas moldada *in loco*, deve-se respeitar o prazo para que o concreto atinja a resistência compatível.

O teste pode ser executado com carregamento rápido, lento, misto ou, ainda, cíclico (este último é adequado para a separação entre resistência de ponta e atrito lateral). Para cada tipo de ensaio, há uma normativa.

Ao fim do ensaio, realiza-se um relatório em que consta a descrição geral do ensaio realizado (identificação da estaca, horário de início e fim da prova, planta de locação, representação do perfil geotécnico, planta e corte da montagem da prova de carga e outras informações relevantes), tipo e características da estaca ensaiada (dimensões, cotas de topo e ponta, data de execução, moldagem ou cravação, características estruturais da estaca, tais como tipo de concreto, armadura e outros), dados de instalação das estacas (dados do equipamento de execução, bem como controle de execução da estaca e relatório de anormalidades durante a execução), referências aos dispositivos de aplicação de carga e aos extensômetros, aferição desses equipamentos, ocorrências excepcionais durante o ensaio (deformação excessiva dos tirantes, perturbações dos dispositivos de leitura, desaprumo do sistema de carregamento, entre outros), tabelas de leitura carga-deslocamentos e tempo-deslocamentos, curva de carga *versus* deslocamento (com os tempos de início e fim de cada estágio), outras curvas relevantes, referência à ABNT NBR 12131:1992 e análise e interpretação dos resultados.

Link

Assista ao vídeo autoexplicativo sobre a montagem de prova de carga estática no link ou no código a seguir.

https://goo.gl/o7YA7N

Provas de carga dinâmicas

As provas de carga dinâmicas consistem na determinação da capacidade de carga de estacas para carregamentos estáticos axiais de uma forma rápida e menos onerosa do ponto de vista econômico/financeiro, bem como fornece dados sobre a integridade da estaca, indicando extensão e localização de rupturas/fissuras. Este tipo de prova de carga está apresentado na ABNT NBR 13208:1994.

A prova é feita fazendo uso de sensores no fuste da estaca (com profundidade maior do que duas vezes o diâmetro da estaca). São efetuados golpes por meio de um sistema de percussão adequado, conforme se vê na Figura 4.

Figura 4. Prova de carga dinâmica. Martelo de percussão sendo posicionado para aplicação em estaca.

Fonte: PHATR/Shutterstock.com.

Uma onda sonora é produzida e se propaga ao longo da estaca, sendo refletida na ponta. São medidas a intensidade e a frequência da onda, bem como as alterações que a onda sofre durante a sua propagação. Com base nos dados coletados, é possível avaliar a integridade da estaca, bem como determinar o módulo de elasticidade da estaca (que depende da velocidade de propagação do som na estaca e do peso específico do material que a compõe).

Assim como no caso da prova de carga estática, faz-se necessário documentar o histórico da estaca. Realiza-se um relatório em que consta a descrição geral do ensaio realizado (identificação da estaca, horário de início e fim da prova, planta de locação, representação do perfil geotécnico, planta e corte da montagem da prova de carga e outras informações relevantes), tipo e características da estaca ensaiada (dimensões, cotas de topo e ponta, data de execução, moldagem ou cravação, características estruturais da estaca, tais como tipo de concreto, armadura e outros), dados de cravação das estacas (dados do equipamento de cravação, bem como controle de execução da estaca e relatório de anormalidades durante a execução), referências aos dispositivos de aplicação de carga e aos sensores, aferição desses equipamentos, ocorrências excepcionais durante o ensaio, comentários sobre a integridade da estaca, valões máximos de compressão e deslocamento, outras curvas relevantes, referência à ABNT NBR 13208:1994 e análise e interpretação dos resultados.

Link

Veja no link ou código a seguir uma prova de carga dinâmica sendo feita em campo.

https://goo.gl/5u6jhg

Exercícios

1. Sobre o cálculo estrutural de fundações profundas moldadas *in loco*, é possível afirmar que:
   a) O consumo de cimento mínimo exigido por norma independe do tipo de estaca e é de 450kg/m³.
   b) A resistência mínima do concreto independe do tipo de estaca, segundo a norma. A resistência mínima é de 15MPa.
   c) A minoração da resistência do concreto depende do tipo de estaca. Esta dependência é explicada pelas técnicas e condições promovidas pelo tipo de estaca.
   d) Segundo a norma, todas as estacas devem ser do tipo "armada".
   e) A resistência do concreto das estacas é determinada unicamente pelas solicitações de projeto.
2. Sobre o controle de execução de estacas, pode-se afirmar que:
   a) Em estacas escavadas, deve-se controlar o comprimento e diâmetro da escavação. O desaprumo deve estar dentro dos limites especificados e deve-se controlar o desvio de locação. O consumo de materiais deve ser condizente ao estabelecido em projeto. Quaisquer problemas devem ser anotados em relatório e estudados para avaliar a necessidade de reforços.
   b) No caso de estacas cravadas, deve-se controlar o comprimento da estaca introduzido no solo, o desaprumo e o desvio de locação. Em caso de desaprumo, o mesmo deve ser corrigido com golpes laterais na estaca.
   c) Quaisquer problemas de execução identificados devem ser resolvidos no momento da execução, caso contrário, as estacas podem ser 'perdidas'.
   d) As provas de cargas são indicadas apenas para obras com mais de 150 estacas com cargas de trabalho acima de 1000kN.
   e) Os equipamentos não são importantes em estacas cravadas, desde que cumpram o seu papel levando a estaca na cota determinada por projeto.
3. Sobre o cálculo estrutural de fundações profundas pode-se afirmar que:
   a) Estacas *in loco* possuem as mesmas indicações de resistência mínima e consumo mínimo de concreto, independente do seu tipo.
   b) Conforme a norma, não é possível utilizar estacas de madeira.
   c) Os fatores de minoração de resistência em estacas moldadas *in loco* são superiores aos fatores empregados em estacas pré-moldadas devido às dificuldades adicionais de controle de execução que acontecem com as primeiras.

d) Estacas de aço devem ser constituídas apenas por perfis soldados.
e) As estacas laminadas devem satisfazer, apenas, as condições de resistência descritas em projeto.

4. Assinale a alternativa correta sobre provas de carga estáticas.
   a) As provas de carga estáticas são feitas com um sistema de percussão, onde podem ser avaliadas a integridade e o módulo de elasticidade da estaca.
   b) A prova de carga estática é feita com uma cargueira, na qual se aplicam golpes com um sistema de percussão e medem-se as deformações ocorridas no entorno da estaca.
   c) A prova de carga estática é feita através de um sistema de percussão, no qual a carga é aplicada sobre a estaca e são medidas as deformações.
   d) Na prova de carga estática, aumenta-se gradualmente as cargas sobre a estaca através de um macaco hidráulico, evitando vibrações. São medidas as deformações através de extensômetros elétricos.
   e) Nas provas de carga estáticas, para estacas cravadas, o ensaio com a cargueira deve acontecer imediatamente depois da cravação da estaca.

5. Qual das alternativas está correta no que se refere a provas de carga dinâmicas?
   a) Para a execução das provas de carga dinâmicas é utilizada a cargueira. Sobre a cargueira, são aplicados golpes com martelo hidráulico para medição dos recalques.
   b) São utilizadas cargueiras juntamente com um sistema de percussão. Sensores são instalados na estaca para verificar as deformações que acontecem na estaca.
   c) Nas provas de carga dinâmicas, é possível determinar o módulo de elasticidade do concreto, bem como a integridade da estaca. A prova é feita com um macaco hidráulico que lentamente aplica a carga sobre a estaca.
   d) Embora seja possível, com as provas de carga dinâmicas, determinar o módulo de elasticidade do concreto, somente com uma prova de carga estática pode-se avaliar a integridade da estaca. A prova é feita com o auxílio de um sistema de percussão.
   e) Nas provas de carga dinâmicas, é possível determinar o módulo de elasticidade do concreto, bem como a integridade da estaca. A prova é feita com o auxílio de um sistema de percussão.

Referências

ASSOCIAÇÃO BRASILEIRA DE NORMAS TÉCNICAS. *ABNT NBR 6122:2010*. Projeto e execução de fundações. Rio de Janeiro: ABNT, 2010.

ASSOCIAÇÃO BRASILEIRA DE NORMAS TÉCNICAS. *ABNT NBR 7190:1997*. Projeto de estruturas de madeira. Rio de Janeiro: ABNT, 1997.

ASSOCIAÇÃO BRASILEIRA DE NORMAS TÉCNICAS. *ABNT NBR 8800:2008*. Projeto de estruturas de aço e concreto de edifícios. Rio de Janeiro: ABNT, 2008.

ASSOCIAÇÃO BRASILEIRA DE NORMAS TÉCNICAS. *ABNT NBR 12131:1992*. Estacas – Prova de carga estática. Rio de Janeiro: ABNT, 1992.

ASSOCIAÇÃO BRASILEIRA DE NORMAS TÉCNICAS. *ABNT NBR 13208:1994*. Estacas – Ensaio de carregamento dinâmico. Rio de Janeiro: ABNT, 1994.

Leitura recomendada

VELLOSO, D. de A.; LOPES, F. de R. *Fundações*. São Paulo: Oficina de Textos, 2010.

Soluções especiais para fundações: substituição do solo, *jet grouting*, estacas tracionadas e reforços de fundações

Objetivos de aprendizagem

Ao final deste texto, você deve apresentar os seguintes aprendizados:

- Compreender em que situações o uso de soluções especiais faz-se necessário.
- Identificar e discriminar soluções do tipo substituição de solo, *jet grouting* e estacas tracionadas.
- Reconhecer as principais soluções envolvendo reforço de fundações.

Introdução

O crescimento desordenado das cidades tem feito áreas cada vez mais problemáticas do ponto de vista de resistência do solo, relevo e drenagem serem utilizadas para a construção de residências. Esse é um problema que aliado ao aumento significativo das cargas e volumes das edificações atuais gera novos desafios para os engenheiros.

Parte destes desafios se enquadra no que são chamadas soluções especiais para fundações. São soluções especiais por fugirem das soluções tradicionais (que são a aplicação de fundações profundas do tipo estacas ou superficiais do tipo sapatas), ainda que, muitas vezes, sejam utilizadas concomitantemente. Em algum momento o engenheiro civil irá se deparar com uma situação na qual ele precisa adotar estas soluções. Deste modo, é essencial conhecer as alternativas para a solução em fundações.

Uso de soluções especiais para fundações

Com o crescimento muitas vezes desordenado das cidades, áreas com solos de baixa resistência mecânica têm sido aproveitadas para a construção de novas edificações devido ao espaço escasso em certos lugares. De outro lado, edificações cada vez maiores têm sido construídas, de modo que cargas cada vez mais altas são transmitidas ao solo. Além disso, a construção de edificações cada vez mais próximas pode fazer com que haja interação entre as fundações das edificações, aumentando as estimativas iniciais para os recalques ou gerando patologias.

Saiba mais

A orla da cidade de Santos é famosa por apresentar uma quantidade considerável de prédios tortos (fora de prumo) (Figura 1). A não verticalidade dos prédios é resultado de recalques diferenciais (um dos lados do prédio teve recalque maior do que o outro). Vários fatores colaboram para esse tipo de patologia: o uso de fundações sapatas de pouca altura, a presença de uma camada de argila abaixo do solo arenoso da superfície e, talvez o principal, a proximidade entre alguns prédios faz com que o bulbo de tensões gerado em uma sapata interaja com outro bulbo (nesse caso, a eficiência das sapatas é reduzida significativamente). Várias soluções foram propostas, todas gerando transtornos durante a intervenção e custos significativos para os moradores (DIAS, 2010).

Na prática

No litoral paulista, alguns prédios sofrem um problema de recalque. Veja em realidade aumentada como ocorre esse fenômeno.

Na orla de Santos (SP), nas décadas de 1960 e 1970, o desconhecimento do tipo de solo e da sua capacidade de suporte levou a construções de prédios com fundações rasas, em que seus bulbos de tensões não atingiam as camadas mais resistentes do solo. Dessa forma, o solo sofria com o sobrepeso das edificações, provocando recalques diferencias que resultaram nos prédios conhecidos como "prédios tortos" (ou fora de prumo).

Aponte para o QR code ou acesse o *link* **http://goo.gl/wX1BCh** para ver o recurso.

Desse modo, novas técnicas acabaram sendo desenvolvidas por engenheiros geotécnicos para possibilitar fundações seguras, evitando acidentes e patologias.

Quando as técnicas convencionais não são suficientes para garantir a segurança e a funcionalidade das edificações, são aplicadas soluções especiais para fundações. Entende-se que as técnicas convencionais são o uso de fundações rasas usuais (sapatas, blocos e radiers) ou fundações profundas usuais (estacas contínuas, estacas raiz, estacas cravadas, hélice contínua, entre outras). Entre os principais tipos de soluções especiais para fundações estão: substituição de solo, *jet grouting*, estacas tracionadas e reforços de fundações. Outras soluções são o uso de drenos verticais no solo e o pré-adensamento (com o objetivo de minimizar os recalques).

Em geral, as soluções especiais para fundações são mais onerosas do ponto de vista financeiro e requerem estudos mais complexos sobre a área afetada pela intervenção, bem como do comportamento final da estrutura. A escolha da solução demanda conhecimento sobre as possibilidades factíveis e a melhor adequação possível às restrições do projeto.

Substituição de solo, *jet grouting* e estacas tracionadas

Nesse capítulo, são trazidas algumas soluções especiais para fundação: substituição do solo, *jet grouting* e estacas tracionadas. A seguir, veremos cada uma delas.

Substituição do solo

Entre as soluções especiais para fundação, talvez a de conceito mais simples seja a substituição do solo (Figura 1). Como o próprio nome sugere, quando há a presença de um solo mole, com características mecânicas muito ruins, a camada correspondente a esse solo pode ser retirada e substituída por outro tipo de solo, mais competente. É uma técnica bastante aplicada na construção de rodovias e tem, inclusive, indicação de uso pelo DNER (DNER-PRO 381/98) (DEPARTAMENTO NACIONAL DE ESTRADAS E RODAGENS, 1998).

Figura 1. Escavação para substituição de solo com aplicação em rodovia.

Fonte: bogdanhoda/Shutterstock.com.

O método é eficaz e rápido. Entretanto, um dos maiores problemas dessa técnica são os volumes envolvidos e, por conseguinte, o custo, em especial quando a camada a ser removida é muito espessa. Além disso, o impacto ambiental é bastante grande. A substituição do solo envolve a escavação, o transporte e a deposição em lugar adequado (usualmente em bota-fora devidamente licenciado ambientalmente para receber o material) do solo mole original e escavação, transporte, deposição e compactação do solo substituído no local da edificação. Esse conjunto de ações demanda máquinas de grande porte, com mão de obra especializada e alto consumo de combustível. A substituição de solo mole é recomendável quando a espessura da camada desse solo não ultrapassa o limite de 3,0 m a 4,0 m.

Jet grouting

O *jet grouting* é uma técnica desenvolvida no Japão, nos anos 1970, e aplicada no Brasil há mais de duas décadas. Sua finalidade é melhorar as características do solo: eleva a capacidade de carga do solo e minimiza os efeitos de recalque. Apesar de ser indicado para qualquer tipo de solo, usualmente é empregado em solos fracos, moles e de baixa resistência. Pode ser aplicado, ainda, em estruturas de contenção.

Com relação à técnica em si, faz-se uma perfuração no solo, por meio de uma perfuratriz até a cota final determinada pelo projeto. A partir dessa perfuração, nata de cimento é injetada no solo através de bicos injetores que promovem a incidência de jatos verticais e horizontais de grande pressão e velocidade (entre 700 e 900 km/h). Ocorre a desagregação do solo pela energia cinética do fluído e a nata de cimento se mistura ao solo existente. À medida que a nata de cimento é injetada, a coluna de injeção é rotacionada e retirada do solo de maneira controlada, formando colunas de solo-cimento que, como consequência, melhoram as características mecânicas do solo. A desagregação do solo pode ser feita, também, através da injeção de ar em alta velocidade no solo. As colunas, por vezes, possuem diâmetros de 2,0 m.

Os equipamentos mínimos necessários para a execução deste sistema são: perfuratriz, compressor, bomba de injeção, misturador à alta pressão e silo de cimento. Devido ao uso desses equipamentos, o custo é relativamente alto, embora tenha sido reduzido ao longo dos últimos anos.

Na Figura 2, é mostrado um esquema simplificado da execução do sistema. Em (a), é feita a perfuração do solo; em (b), inicia-se a injeção de ar comprimido ou da nata de concreto em alta velocidade para desagregar o solo. A pressão e a velocidade do jato são controladas. Há, também, a rotação da haste. Em (c), a haste começa a ser retirada do solo, com velocidade controlada, enquanto há a mistura do solo-cimento. Em (d), a haste é totalmente retirada e o *jet grouting* está executado. Pode-se, também, adicionar armadura à coluna, bem como fazer uso de fibras e outros compostos na mistura do concreto.

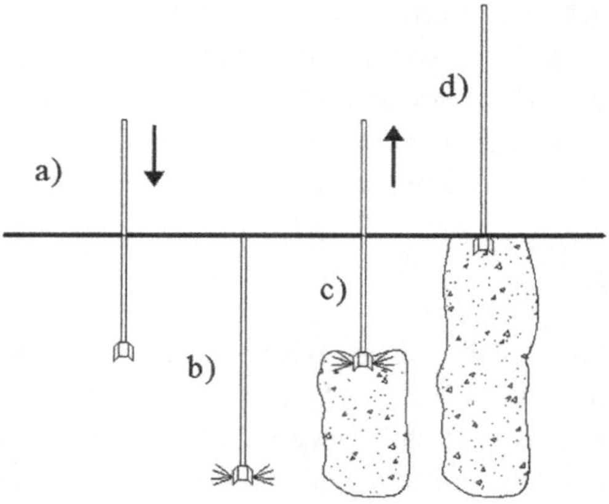

Figura 2. Esquema da execução de *jet grouting*.

Fique atento

O *jet grouting* não é indicado para uso em solos contaminados, solos com matéria orgânica e nem solos com elevado índice de cascalho ou matacão. No caso dos solos contaminados e com matéria orgânica, pode haver ataque químico sobre o concreto, deteriorando, ao longo do tempo, as colunas. No caso da presença de muito cascalho e matacão, os diâmetros esperados para as colunas podem ser significativamente alterados.

Estacas tracionadas

Na maior parte dos casos, as estacas são dimensionadas e empregadas para resistir a esforços axiais de compressão. Entretanto, existem situações nas quais as estacas devem resistir a esforços de tração. Nesse caso, estas estacas são conhecidas como estacas tracionadas.

Solicitações de tração em estacas acontecem de forma permanente ou intermitente. A solicitação permanente de tração ocorre em ancoragem de lajes de subpressão, por exemplo. Já no caso intermitente, geralmente, a solicitação de tração se dá em estruturas leves, tais como: silos, galpões em estrutura metálica ou pré-moldados, caixas d'água elevadas, torres de transmissão de energia elétrica, entre outras. Nessas edificações, os efeitos dos esforços provenientes do vento são preponderantes no dimensionamento. Aliando-se a isso o baixo peso próprio dessas estruturas, o momento transmitido para os blocos de fundações pode fazer com que as estacas sejam tracionadas. Ilustra-se isso na Figura 3: em (a), está a estrutura para uma caixa d'água elevada; em (b), são mostrados os carregamentos principais (o peso próprio da estrutura, *V*, a força horizontal causada pelo vento, *H*, e o momento causado pelo vento *M*; em (c), há a hipotética situação das reações nos blocos serem tais como em R_1 e em R_2. Se for esse o caso, as estacas que fazem parte do bloco que possui a reação R_2 estariam submetidas à tração.

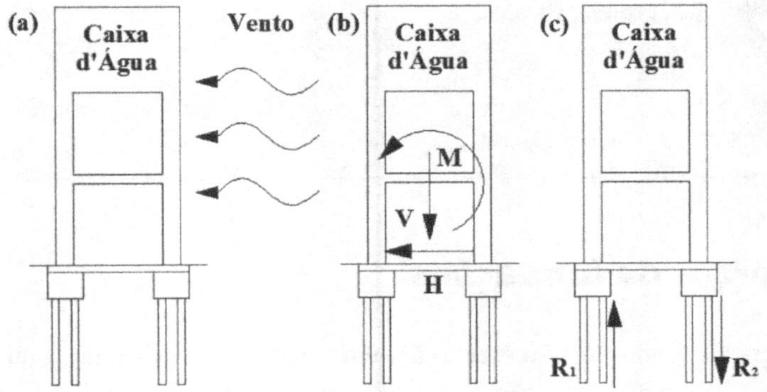

Figura 3. Estrutura para uma caixa d'água elevada sob ação do vento.

Esse tipo de situação deve ser previsto para o correto dimensionamento das estacas. Se houver tração, é necessário introduzir uma armadura adequada. As estacas tracionadas podem ser executadas da mesma forma como as estacas submetidas à compressão axial, podendo ser escavadas, hélice contínua, entre outras.

Com relação à capacidade de carga da estaca, ela é determinada pelo menor valor obtido para as seguintes situações (considerando que a estaca tenha sido projetada corretamente e que a ruptura não acontecerá nela, como elemento estrutural): ruptura interface solo-estaca ou capacidade de carga segundo uma superfície cônica.

No caso da capacidade de carga da estaca, quando a ruptura se dá segundo uma superfície cônica, a expressão que estima o valor é dada por (desconsiderando-se o peso próprio da estaca):

$$Q_{ult} = \pi\mu^2 L^2 \left(p + \frac{\gamma L}{3} + \frac{c}{\mu}\right),$$

onde $\mu = tg\varphi$ é o coeficiente de atrito do solo (φ é o ângulo de atrito do solo), c é a coesão do solo, p é a sobrecarga na superfície do terreno, L é o comprimento da estaca e γ é o peso específico do solo.

O valor da capacidade de carga quando a ruptura se dá na interface solo-fundação é estimado da mesma maneira como no caso de a estaca estar submetida a esforço axial de compressão.

Saiba mais

Geralmente, a ruptura se dá segundo a interface solo-fundação, exceto para tubulões ou estacas curtas e com base larga.

Reforços de fundações

Reforços de fundações são executados em fundações já existentes e que apresentam alguma manifestação de patologia, seja por mau dimensionamento, ou pela deterioração da fundação. Há, também, casos nos quais se deseja mudar o tipo do uso ou expandir a edificação existente, aumentando as solicitações. As patologias apresentadas podem ser por meio de deformações maiores do que o estimado, deformações diferenciais (muito perigosas, pois podem gerar fissuras e perda da segurança), riscos de rupturas e/ou colapsos. O problema, muitas vezes, está associado ao desconhecimento do solo, à má interpretação dos resultados, aos ensaios, não consideração de efeitos de vibração, falhas na execução.

Usualmente, os reforços de fundações trazem muitos transtornos de uso e operação da edificação enquanto o serviço é executado e custos elevados. Além disso, a intervenção é considerada como obra perigosa, com acesso e local de trabalho precário. As escavações para o reforço podem fragilizar ainda mais o solo (diminuição do confinamento do solo). Isso evidencia a necessidade de um dimensionamento original bem feito para a fundação.

Qualquer intervenção nas fundações deve ser feita depois de um estudo de caso, avaliando todos os aspectos envolvidos (solicitações, tipo de solo, resistência do solo, capacidade de carga do sistema original, entre outros). Com base no estudo, é feito um projeto com um plano de ataque para a execução.

Entre as soluções possíveis, estão o uso de estacas mega, o uso de estacas raiz, o alargamento da base, o reforço do solo, o enrijecimento da estrutura e a substituição de fundações.

As estacas mega são conhecidas, também, como estacas de reação e são feitas com a introdução de cilindros de aço ou de concreto. Para isso, escava--se o solo a uma profundidade de 1,5 m abaixo da fundação original. Sob a fundação original são colocados os cilindros, que são cravados no solo por meio de um macaco hidráulico que se apoia na fundação existente. A cada novo cilindro introduzido, é aumentada a capacidade de carga do sistema. A principal vantagem desse sistema é que ele não provoca vibrações. Seu emprego é difícil fora dos limites da estrutura existente.

As estacas raiz ou microestacas são aplicadas em locais de difícil acesso e pé-direito reduzido (tais como subsolos). Deve-se atentar para não aumentar os recalques no início dos trabalhos.

O alargamento da base visa aumentar a superfície da ponta da fundação existente; com isso, aumenta-se a capacidade de carga da estaca. Para o alargamento, é necessário acessar o fundo da estaca e amarrar a armadura do volume adicional à estrutura já existente. A amarração se dá através de chumbadores químicos. O principal empecilho a essa solução é o acesso e a dificuldade para realizar a concretagem do novo volume e a amarração.

Outra medida é o reforço do solo, que pode ser reforçado com a técnica de *jet grouting* descrita anteriormente.

Enrijecendo a estrutura da edificação com a colocação de vigas de rigidez interligando as fundações e promovendo o travamento da estrutura, é possível reduzir os recalques diferenciais. Entretanto, é preciso que se estude detalhadamente essa solução, uma vez que o enrijecimento pode produzir fissuras.

As fundações podem, em última instância, ser substituídas. Nesse caso, são feitas fundações novas, do mesmo tipo, ou não, que podem inutilizar as fundações anteriores. São comumente aplicadas em edificações com fundações em madeira que, com o tempo, perdem sua capacidade resistente.

Embora se tenha apresentado algumas alternativas de reforço de fundações, existem mais métodos, cada um aconselhável para cada tipo de intervenção. Cabe ao engenheiro escolher a melhor solução, que forneça mais segurança, com custo menor.

Link

Acessando o link a seguir, você pode ver o caso do Bloco B do Edifício Núncio Malzoni, em Santos (SP).

https://goo.gl/d83zfX

Exemplo

Uma das obras de reforço de fundações mais emblemáticas do país é o caso do Bloco B do Edifício Núncio Malzoni, em Santos. Como o tipo de fundação escolhido (sapatas) não era adequado ao perfil geológico da cidade de Santos para o tamanho da edificação, a edificação passou a sofrer recalques diferenciais significativos, apresentando praticamente 2° de tombamento e, consequentemente, uma sombra de 1,7 m. A solução adotada foi, primeiramente, a execução de estacas profundas e vigas de transição para transferência de carga da estrutura para as estacas profundas. Depois de estabilizados os recalques, os pilares que descarregavam nas sapatas receberam consoles (com armadura chumbada aos pilares) e foram cortados. O prédio foi macaqueado através dos consoles dos pilares. O macaqueamento foi feito de forma lenta e corrigindo as deformações diferenciais. No fim do processo, os macacos hidráulicos são substituídos por macacos auxiliares, de modo que o centro dos pilares fique livre. É colocada uma armadura para simular o prolongamento do pilar e ocorre a concretagem, com concreto de cura rápida e alta resistência. Posteriormente, os macacos são retirados e é colocada uma armadura externa ao pilar original de transpasse, formando um colarinho. Depois da concretagem do colarinho, o reforço está completo do ponto de vista estrutural. Resta apenas a retirada dos consoles, por motivos estéticos.

Referências

DEPARTAMENTO NACIONAL DE ESTRADAS E RODAGENS. *DNER-PRO 381/98*. Rio de Janeiro: DNER, 1998.

DIAS, M. S. *Análise do comportamento de edifícios apoiados em fundação direta no bairro da Ponta da Praia na cidade de Santos*. 2010. 145 f. Dissertação (Mestrado em Engenharia Geotécnica) – Escola Politécnica, Universidade de São Paulo, São Paulo, 2010. Disponível em: <http://www.teses.usp.br/teses/disponiveis/3/3145/tde-20082010-160223/pt-br.php>. Acesso em: 10 dez. 2017.

Leituras recomendadas

ANDRADE, G. G. *Métodos para tratamento de solos-moles*: aspectos construtivos. [S.l.]: Instituto de Engenharia, [2017?]. Disponível em: <https://ie.org.br/site/ieadm/arquivos/arqnot29052.pdf>. Acesso em: 10 dez. 2017.

CONHEÇA as técnicas de execução de jet grouting. *Téchne*, ed. 200, nov. 2013. Disponível em: <http://techne17.pini.com.br/engenharia-civil/200/conheca-as-tecnicas--de-execucao-de-jet-grouting-colunas-301307-1.aspx>. Acesso em: 10 dez. 2017.

LEAL, U. *Recuperação baixo*. Téchne, ed. 57, dez. 2001. Disponível em: <http://techne17.pini.com.br/engenharia-civil/57/artigo286211-1.aspx>. Acesso em: 10 dez. 2017.

MARQUES, D. A. O. *Reforço de solos de fundação com colunas de JET grouting encabeçadas por geossintéticos*. 2008. 157 f. Dissertação (Mestrado em Engenharia Civil) – Faculdade de Engenharia, Universidade do Porto, Porto, 2008. Disponível em: <https://repositorio--aberto.up.pt/bitstream/10216/58775/1/000129221.pdf>. Acesso em: 10 dez. 2017.

PASCHOALIN FILHO, J. A.; CARVALHO D. Fundações de construções submetidas a esforços de tração em solo de alta porosidade da região de Campinas – SP. *Engenharia Agrícola*, Jaboticabal, v. 30, n. 2, p. 205-211, mar./abr. 2010. Disponível em: <http://www.scielo.br/pdf/eagri/v30n2/v30n2a02.pdf>. Acesso em: 10 dez. 2017.

Estruturas de contenção: muros de peso em concreto, muros em balanço, terra armada, pranchadas em balanço e estroncadas, paredes diafragma e cortinas

Objetivos de aprendizagem

Ao final deste texto, você deve apresentar os seguintes aprendizados:

- Diferenciar os principais tipos de estruturas de contenção.
- Reconhecer os mecanismos de funcionamento de muros de arrimo.
- Identificar outras soluções para estruturas de contenção.

Introdução

A configuração do solo sem a ação do homem é o resultado da ação dos fenômenos da natureza ao longo dos anos. Sempre que um solo é escavado, por exemplo, ele deixa de estar em seu estado de repouso. Como consequência, dependendo das características desse solo e do escavamento, podem ocorrer deformações excessivas no solo ou, inclusive, desmoronamento.

Como forma de compensar a ação do homem na estabilidade de escavações, existem as estruturas de contenção, que variam de acordo com as condições do solo, verba disponível, nível de água, impacto de um possível desmoronamento, tempo de vida da contenção, entre outros. Cabe ao engenheiro avaliar cada caso e aplicar a melhor alternativa para solucionar o problema. É por isso que, neste capítulo, você vai conhecer os diferentes tipos de estruturas e a aplicabilidade de cada uma delas.

Estruturas de contenção

As estruturas de contenção são estruturas projetadas de modo que sejam capazes de resistir a empuxos, carregamentos e/ou quaisquer outros carregamentos que, sem elas, provocariam risco de deslocamento do solo. Tais estruturas são comumente aplicadas em fundações e são constituídas por armaduras e elementos estruturais compostos.

Muitos são os tipos de estruturas de contenção; a sua escolha depende de algumas características do projeto e do local de execução, tais como: altura da estrutura, cargas atuantes, natureza e características do solo da fundação e do solo a ser contido, nível de água do terreno, espaço disponível para a implantação da estrutura, custos, mão de obra qualificada, disponibilidade de máquinas e equipamentos, entre outros.

Essas estruturas possuem caráter provisório ou definitivo. As estruturas provisórias de contenção são concebidas para funcionar de forma temporária, quase sempre para execução de serviços enterrados, como, por exemplo, a instalação da rede de esgoto de um condomínio. Tão logo o serviço seja executado, elas são removidas e seus componentes podem ser reaproveitados em contenções futuras. Normalmente, essas estruturas envolvem alturas inferiores a 3 m e são feitas com um sistema de pranchas e estroncas de madeira, com perfis cravados e placas de madeira ou, ainda, com perfis metálicos justapostos.

As estruturas de contenção definitivas são aquelas que são mantidas depois do término da obra e que têm função permanente. Entre as principais estruturas de contenção permanentes, estão: muro de peso em concreto, muros em balanço, terra armada, pranchadas em balanço e estroncadas, paredes diafragma e cortinas. Essas soluções são apresentadas a seguir.

Muros de arrimo

Os muros de arrimo são estruturas definitivas empregadas para a contenção de solos. Podem ser construídos em alvenaria, concreto (simples ou armado), em pedras ou, em casos especiais, por outros materiais. São divididos em: muros de peso (ou gravidade), flexão (ou em balanço) e com ou sem tirantes.

Muros de peso em concreto

Os muros de peso, também chamados de muros de gravidade, são estruturas corridas de contenção apoiadas em fundações rasas ou profundas. Do ponto de vista funcional, seu peso deve ser suficiente para conter os empuxos horizontais do solo. Geralmente, está limitado a uma altura inferior a 5 m. Em um corte transversal, as paredes do muro devem ter inclinação, recomendando-se que a base seja duas vezes maior do que o topo do muro, conforme pode ser visto na Figura 1.

Para esse tipo de estrutura, é necessário fazer o cálculo de verificação de estabilidade para quatro tipos de rupturas: deslizamento do muro (o muro pode deslizar horizontalmente devido ao empuxo do solo contido), tombamento do muro (o muro pode tombar devido ao empuxo do solo contido), capacidade de carga do muro (o solo em contato com o concreto pode ser rompido se for ultrapassada a capacidade de carga do muro) e, finalmente, ruptura global (o solo pode sofrer ruptura global, na qual a estrutura de contenção é englobada na superfície de ruptura). Existem métodos específicos para avaliar estas condições.

Fique atento

Devido à pouca permeabilidade do concreto, é fundamental executar um sistema de drenagem que seja capaz de expulsar a água no solo contido (nesse sistema, devem ser incluídos tubos para escoamento da água que atravessam a parede do muro). A não expulsão da água faz com que o muro seja sobrecarregado pelo nível dela.

Figura 1. Seção transversal de um muro de peso.

Fonte: adaptada de Zern Liew/Shutterstock.com.

Muros em balanço

Os muros em balanço, ou muros de flexão, são estruturas corridas esbeltas de contenção apoiadas em fundações rasas ou profundas que apresentam seção transversal em formato de "L" ou "T", conforme pode ser visto na Figura 2. Essas estruturas resistem aos empuxos por flexão, utilizando parte do peso próprio do maciço (solo contido), que se apoia sobre a base do "L" ou do "T" para manter-se em equilíbrio. Normalmente, passa a ficar muito caro quando a altura da contenção é superior a 5 metros. A dimensão da base é cerca de 50% a 70% da altura. Em alguns casos, são feitas vigas de enrijecimento no muro, para aumentar a sua resistência; outra forma de aumentar a resistência é fazer uso de chumbadores ou tirantes (aplicados em rochas).

Assim como no caso do muro de peso, é fundamental que seja implementado um sistema de drenagem para que o nível de água não exerça empuxo horizontal adicional na estrutura. Os mesmos quatro tipos de rupturas que ocorrem em muros de peso podem ocorrer nesse tipo de contenção.

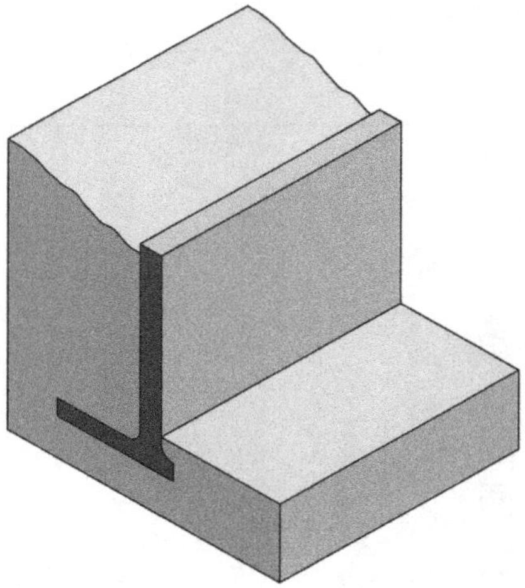

Figura 2. Seção transversal de um muro de flexão.
Fonte: adaptada de Zern Liew/Shutterstock.com.

Outras estruturas de contenção

No que se refere às estruturas de contenção, existem outros tipos bastante utilizados nas obras. Veja, a seguir, uma descrição de cada uma delas e os locais em que são utilizadas.

Terra armada

A terra armada, também chamada de solo armado, é uma estrutura de contenção composta por placas de concreto pré-moldadas. Conectadas às placas, estão tiras metálicas imersas no solo contido, um tipo de solução bastante aplicado em obras rodoviárias e ferroviárias, sobretudo na execução de elevados e viadutos. A técnica é composta por três elementos fundamentais: o aterro (é o solo que forma a terra amarrada, formado por camadas sucessivas devidamente compactadas), as armaduras (são as tiras metálicas, normalmente em aço galvanizado para que não haja deterioração do material, que trabalham em atrito com o solo e são amarradas às placas de concreto) e as placas pré-moldadas (são painéis de concreto, também conhecidas como escamas, que formam o acabamento externo da contenção e são responsáveis por equilibrar as tensões na periferia do aterro).

Link

Neste link, é mostrado o processo de montagem de uma estrutura em terra armada.

https://goo.gl/LSK9FG

Inicia-se a montagem do sistema com uma primeira fiada, conhecida como soleira, de placas montadas sobre concreto. O solo a ser contido passa a ser compactado, de camada a camada. Quando uma camada é finalizada, são colocadas as armaduras, que se ligam às placas de concreto pré-moldado (há um elemento concretado com a placa para fazer essa amarração). Para a montagem das fiadas superiores, normalmente, as placas são içadas mecanicamente. O atrito da armadura com o solo é o responsável por aumentar a resistência do solo e fazer a fixação das placas. As placas, atualmente, têm recebido imprimação, tratamento superficial e formas diferentes, de modo a ser esteticamente compatível com o ambiente em que estão sendo aplicadas.

Pranchadas em balanço e estroncadas

As estacas pranchadas podem ser em madeira, concreto armado ou aço. Nesse sistema, perfis metálicos, ou pilares de concreto ou madeira são cravados no solo, junto ao solo contido. Entre o solo e esses perfis ou pilares, são colocadas pranchas de madeira, aço ou concreto, de modo que as deformações no solo são impedidas.

O uso das **pranchadas em madeira** é, na maior parte dos casos, limitado a obras temporárias por dois motivos: comprimento limitado e pouca resistência à variação de umidade no solo. As **pranchadas de concreto** apresentam uma boa vida útil e resistem bem a essas variações. Entretanto, quando da cravação, é necessário que se tomem os devidos cuidados para que não ocorram trincas e fissuras nas peças. Uma vez trincada ou fissurada, as pranchadas podem perder parte da sua resistência e, sem os ensaios devidos para determinação de integridade, podem apresentar risco à obra sem que esse risco seja percebido (no caso de trincas internas).

As pranchadas em aço têm se tornado cada vez mais frequentes por uma série de motivos: melhor estanqueidade, possibilidade de utilização de variados tipos de perfis transversais, comprimento, recuperação das peças, regularidade, facilidade de cravação, peso, entre outros. O maior cuidado com esse tipo de material é a questão da corrosão, principalmente em ambientes agressivos.

Duas soluções são usualmente empregadas: as pranchadas em balanço e as pranchadas estroncadas, muito embora haja espaço para um sistema no qual as pranchadas são ancoradas no solo ou em rochas.

As pranchas em balanço são assim chamadas quando os perfis ou pilares são cravados até uma determinada profundidade, de modo que parte dos perfis fica enterrada mesmo após a escavação. Após a cravação, o solo é removido onde se deseja, formando um desnível de solo nas faces da estrutura de contenção. O solo que está no nível mais alto exerce um empuxo lateral sobre a prancha. Se a prancha é capaz de resistir a esse empuxo apenas com a reação provocada nos perfis (e, evidentemente, com a sua própria resistência), considera-se que o sistema é de pranchada em balanço. Caso seja necessária ancoragem no solo ou em rocha para que a pranchada seja capaz de suportar ao empuxo, diz-se que o sistema é de pranchada com ancoragem.

Há ainda o caso em que está sendo executado um buraco no solo para, por exemplo, a execução da rede de esgoto de um condomínio. Pode-se aplicar o sistema de pranchadas nas paredes do buraco e, eventualmente, pode-se utilizar peças de madeira ou de aço, chamadas de estroncas, nas quais as suas extremidades são apoiadas nas pranchadas, promovendo um travamento e impedindo tanto o tombamento quanto o deslocamento do solo em direção ao buraco. Esse tipo de estrutura é mostrado na Figura 3.

Figura 3. Sistema de contenção utilizando pranchada com perfis metálicos com estroncamento também metálico.
Fonte: SUMITH NUNKHAM/Shutterstock.com.

Paredes diafragma

As paredes diafragma são uma técnica para contenção de solo baseada na execução de um muro vertical de profundidade e espessura variáveis, constituído de painéis alternados ou sucessivos, geralmente em concreto armado (podendo ser também de concreto simples, pré-moldado ou ainda com compostos especiais), capazes de resistir a cargas axiais, empuxos horizontais e momentos de flexão; é bastante eficiente para interceptação hidráulica. As paredes diafragma são bastante aplicadas em subsolos e são indicadas para escavações abaixo do nível do lençol freático, oferecendo agilidade construtiva. Apresentam como vantagens o aspecto final e sua grande capacidade de absorver esforços. Em contrapartida, é uma solução onerosa financeiramente e que demanda um bom controle de qualidade, em especial do concreto utilizado.

Na prática

Veja, em realidade aumentada, as etapas de montagem da parede de diafragma.

Para construção da cortina, são necessárias a escavação do solo e a execução da contenção do solo, por etapas, de cima para baixo, sendo cada placa atirantada ao solo lateral (vizinho).

Aponte para o QR code ou acesse o *link* **http://goo.gl/wX1BCh** para ver o recurso.

A execução é dada com base nos seguintes passos: 1) construção de guias em concreto; 2) as guias servem para orientar a escavação, que é feita com um equipamento conhecido como *clamshell*, mostrado na Figura 4 (a escavação acontece de forma que a parede seja composta por painéis – e não inteiriça); 3) depois da escavação, introduz-se a chapa espelho, que funciona como uma forma metálica; 4) em seguida, a armadura é introduzida na chapa; 5) logo, acontece a concretagem do painel (o painel, quando a parede apenas é incapaz de resistir aos esforços, é atirantado, com os tirantes sendo fixados a rochas ou solo competente). No caso de painéis pré-moldados, a base da parede diafragma é concretada *in loco* e há a necessidade de fazer tratamento de juntas.

Figura 4. Equipamento chamado *clamshell* executando escavação para realização de parede diafragma.

Fonte: BluePhoenix/Shutterstock.com.

Cortinas

As cortinas são bastante aplicadas em obras de contenção em edificações com subsolo ou em terrenos com taludes. As cortinas podem ser constituídas de estacas prancha, estacas secantes ou justapostas e, ainda, de perfis metálicos (H, W ou I) combinados com pranchões de madeira, aço ou concreto. Podem ser ancoradas, ou não, dependendo do tipo de solo e da diferença de nível entre o solo contido e o solo escavado.

As estacas do tipo prancha são peças de madeira, de concreto ou de aço que são cravadas no solo de forma justaposta, retendo água no solo e conferindo a contenção do mesmo. Depois de cravadas até a profundidade de projeto, a escavação do solo desejado é executada.

As cortinas formadas por estacas secantes ou justapostas são semelhantes no sentido de que ambas as estacas são cravadas no solo ou concretadas *in loco*, formando um sistema que coíbe a passagem da água.

As cortinas podem ser feitas com a cravação de perfis metálicos combinados com pranchões. Tem-se usado cada vez mais pranchões de concreto pré-moldado, nos quais os módulos pré-moldados são encaixados entre os perfis. Muitos desses módulos comercializados são vazados internamente, permitindo concretagem no local.

Na Figura 5, mostra-se uma cortina com um sistema conhecido como tradicional, composto por estacas moldadas *in loco* e pranchas de madeira. Há preenchimento dos vazios com concreto armado.

Figura 5. Cortina com estacas justapostas.

Fonte: Jarous/Shutterstock.com.

Exercícios

1. Sobre os muros de peso e muros de flexão, é possível afirmar que:
   a) muros de peso, também chamados de muros de gravidade, são assim chamados por exercerem sobrepeso no solo contido, aumentando, assim, as instabilidades na estrutura.
   b) muros de flexão são utilizados, preponderantemente, em contenções com mais de 5 metros de altura, nas quais os muros de peso não são viáveis.
   c) muros de peso se beneficiam do seu peso próprio para aumentar a estabilidade da contenção, enquanto muros de flexão são estruturas esbeltas que aproveitam parte do solo contido para produzir estabilidade à estrutura.
   d) nos muros de flexão, não é necessário um sistema de drenagem.
   e) em muros de gravidade, recomenda-se que a base seja menor do que a metade da altura da contenção.
2. O uso de sistemas de drenagem é fundamental para muros de arrimo? Por quê?
   a) Não é, uma vez que a água pode escoar por baixo da estrutura de contenção.
   b) Não é, pois a presença da água não afeta o comportamento da estrutura.
   c) O sistema de drenagem é fundamental para os muros de gravidade. Não é necessário para muros de flexão.
   d) Sim. É imprescindível a existência de um sistema de drenagem nos

muros de arrimo. O escoamento da água é dificultado pela contenção. Assim, o acúmulo de água gera um aumento significativo nos esforços sobre a estrutura.

e) Sim. O sistema de drenagem faz com que a água seja represada pelo muro, aumentando a estabilidade da estrutura.

3. Qual das seguintes estruturas de contenção é mais indicada para uso em subsolos?

a) Muro de peso.

b) Muro de flexão.

c) Pranchadas em balanço em madeira.

d) Pranchadas estroncadas em aço.

e) Cortinas.

4. Qual a alternativa correta sobre pranchadas estroncadas e em balanço?

a) As pranchadas em balanço são assim chamadas por se utilizarem do seu peso próprio para estabilizar a contenção. As pranchadas estroncadas utilizam estroncas para garantir a sua estabilidade.

b) As pranchadas em balanço são assim chamadas por funcionarem sob flexão. As pranchadas estroncadas utilizam estroncas para aumentar a sua segurança.

c) Os dois tipos de estrutura são dimensionados exatamente da mesma forma. Quando possível, são adicionadas estroncas para aumentar a segurança, de modo que, quando isso acontece, a pranchada é denominada estroncada.

d) As pranchadas em balanço funcionam sob flexão: os perfis enterrados funcionam como ancoragem para as pranchadas. As pranchadas estroncadas possuem, também, apoio entre si, geralmente próximo ao topo dos perfis, através de estroncas.

e) Nas pranchadas em balanço, as pranchadas são atirantadas ao solo. No caso das pranchadas estroncadas, utilizam-se estroncas entre as pranchadas para evitar o desmoronamento do solo.

5. Qual é a função das tiras de aço em terra armada? Qual o cuidado que se deve ter com essas tiras?

a) As tiras servem para provocar um caminho preferencial para o escoamento da água, diminuindo a carga sobre a estrutura. As tiras devem ser de aço de boa qualidade.

b) As tiras servem para provocar um caminho preferencial para o escoamento da água, diminuindo a carga sobre a estrutura. As tiras devem ser tratadas para não sofrerem corrosão.

c) As tiras têm a função de aumentar a aderência do solo, conferindo maior resistência para a estrutura de contenção. As tiras devem ser tratadas para não sofrerem corrosão.

d) As tiras têm a função de aumentar a aderência do solo, conferindo maior resistência para a estrutura de contenção. As tiras devem ser de aço de boa qualidade.

e) O papel das tiras é dessolidarizar o solo. Dessa forma, aumenta-se a estabilidade da estrutura. As tiras devem ser tratadas para não sofrerem corrosão.

Referência

SEADI, M. L. B.; LEDUR, A. *Paredes diafragmas moldadas in loco:* etapas de execução. Porto Alegre: UFRGS, 2011. Disponível em: <https://www.ufrgs.br/eso/content/?p=558>. Acesso em: 24 jan. 2018.

Leituras recomendadas

GERSCOVICH, D. M. S. *Estruturas de contenção:* muros de arrimo. Rio de Janeiro: Faculdade de Engenharia, Departamento de Estruturas e Fundações, UERJ, [2010?]. Disponível em: <http://www.eng.uerj.br/~denise/pdf/muros.pdf>. Acesso em: 24 jan. 2018.

MATERA, D. R.; ROMANEL, C. *Estabilidade de muros de gravidade*. Rio de Janeiro: Departamento de Engenharia Civil, PUC-Rio, 2014. Disponível em: <http://www.puc-rio.br/pibic/relatorio_resumo2014/relatorios_pdf/ctc/CIV/CIV-Douglas%20Rocha%20Matera.pdf>. Acesso em: 24 jan. 2018.

NEVES, L. F. S. *Parede diafragma é alternativa para obras de contenções profundas.* [S.l.]: AEC Web, [2017?]. Disponível em: <https://www.aecweb.com.br/cont/m/rev/parede-diafragma-e-alternativa-para-obras-de-contencoes-profundas_10803_10_0>. Acesso em: 24 jan. 2018.

PREMONTA. *Cortinas de contenção em concreto pré-moldado.* [S.l.]: Premonta, 2015. Disponível em: <http://premonta.com.br/cortinas-de-contencao-em-concreto-pre-moldado/>. Acesso em: 24 jan. 2017.

SANTOS, K. R. M. *Contenções em cortinas com ficha descontínua:* um caso de obra contemplando instrumentação, modelagem numérica e métodos usuais de projeto. 2016. 218 f. Dissertação (Mestrado em Engenharia Civil) – Faculdade de Engenharia. Centro de Tecnologia e Ciências. Universidade do Estado do Rio de Janeiro, Rio de Janeiro, 2016. Disponível em: <http://www.labbas.eng.uerj.br/pgeciv/nova/files/dissertacoes/110.pdf>. Acesso em: 24 jan. 2018.

Análise dos esforços e cálculo estrutural de estruturas de contenção

Objetivos de aprendizagem

Ao final deste texto, você deve apresentar os seguintes aprendizados:

- Conceituar empuxo.
- Analisar as instabilidades nos muros de gravidade: deslizamento, tombamento, ruptura por tensão excessiva na fundação e ruptura global.
- Dimensionar cortina de estaca prancha sem ancoragem.

Introdução

A análise dos esforços de estruturas de contenção começa pelo entendimento da definição de empuxos ativo e passivo. A partir da definição deste conceito relativamente simples, é possível realizar o cálculo estrutural para as mais diversas estruturas de contenção.

No cálculo estrutural, devem ser consideradas todas as condições de ruptura da estrutura de contenção. É importante que o engenheiro seja capaz de identificar estas condições para evitar acidentes. Geralmente, os acidentes com estruturas de contenção são seríssimos, envolvendo vidas, estruturas e um volume grande de material.

Neste capítulo, você vai estudar o empuxo, as instabilidades nos muros de gravidade e o dimensionameno da cortina de estaca prancha sem ancoragem.

Empuxos

Dois dos parâmetros fundamentais para análise dos esforços e cálculo estrutural das estruturas de contenção são: o empuxo ativo, causado pelo solo contido sobre a estrutura, e o empuxo passivo, causado pelo solo escavado. Os empuxos são mostrados na Figura 1.

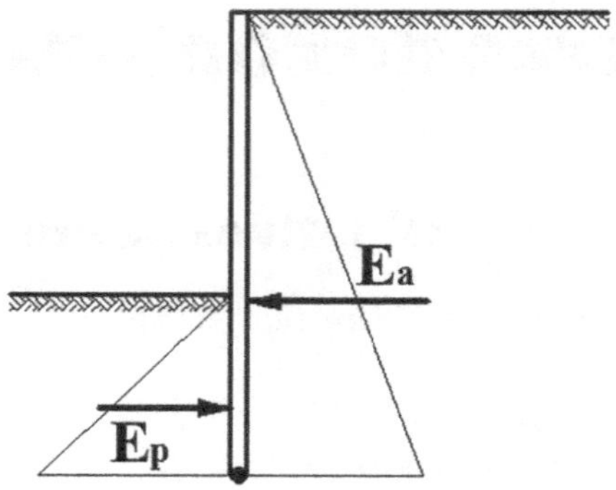

Figura 1. Empuxos ativo (E_a) e passivo (E_p) sobre anteparo.

O empuxo ativo é definido como uma tensão feita pelo solo sobre um anteparo. Essa tensão tenta afastar o anteparo do solo para, deste modo, aliviar as tensões horizontais no solo. O empuxo depende do peso específico do solo, da altura do anteparo e de um coeficiente que depende da inclinação do solo e do ângulo de atrito interno do solo. O empuxo ativo pode ser calculado como:

$$E_a = \frac{1}{2}\gamma H^2 k_a,$$

onde γ é o peso específico do solo contido,
$k_a = \left(\cos i - \sqrt{\cos^2 i - \cos^2 \phi}\right)/\left(\cos i + \sqrt{\cos^2 i - \cos^2 \phi}\right)$, com i sendo a inclinação na superfície do solo contido e ϕ o ângulo de atrito interno do solo contido.

Já o empuxo passivo deve ser entendido como uma tensão feita pelo solo sobre o anteparo no sentido oposto ao empuxo ativo. Geralmente, essa tensão é feita pelo solo escavado (enquanto do outro lado do anteparo está o solo contido) tendendo a comprimi-lo. O empuxo passivo por ser calculado como:

$$E_p = \frac{1}{2}\gamma H^2 k_p,$$

onde $k_p = \left(\cos i + \sqrt{\cos^2 i - \cos^2 \phi}\right) / \left(\cos i - \sqrt{\cos^2 i - \cos^2 \phi}\right)$.

Fique atento

A contribuição do empuxo passivo geralmente é ignorada, por motivos de segurança, na avaliação dos esforços em estruturas de contenção.

Muros de arrimo

Os muros de arrimo podem ser de gravidade (de peso) ou de balanço (muro de flexão). Os muros de arrimo têm como característica que o seu peso próprio, ou a massa de solo sobre as suas fundações, garantem a sua estabilidade. Estes muros são reaterrados depois da construção, sendo condição necessária que o corte do terreno permaneça estável durante o período de construção do muro.

Este tipo de solução é normalmente aplicado quando a diferença de altura entre o solo contido e o solo escavado é de até 6 metros, embora, eventualmente, possa ser dimensionado para diferenças de altura maiores. Os muros de arrimo exigem um sistema de drenagem eficaz para aliviar os esforços sobre o muro, de forma que a água não exerça pressão sobre o muro. Quanto ao sistema de drenagem, ele deve ser o mais simples possível e, de preferência, não necessitar de intervenções de manutenção com frequência.

Os muros de gravidade são dimensionados de modo que apenas o seu peso seja o suficiente para conter o solo. Não existem esforços no muro a não ser o de compressão, de forma que não há armadura necessária para este tipo de muro. São feitos de concreto, pedra argamassada, pneus, por gabiões (gaiolas metálicas preenchidas por pedras) e *crib walls* (estrutura de madeira, aço ou concreto que confina o solo).

Já os muros de flexão são estruturas delgadas, nas quais a estabilidade do muro depende do peso do solo acima da sua fundação. Diferentemente dos muros de peso, os muros de flexão funcionam também à tração, o que obriga a presença de armadura na estrutura. Podem ser usados contrafortes espaçados que aumentem a resistência do muro. Na Figura 2, são mostrados cortes transversais dos muros de peso (a) e dos muros de balanço (b). Em (b) é apresentada a nomenclatura para o muro de flexão.

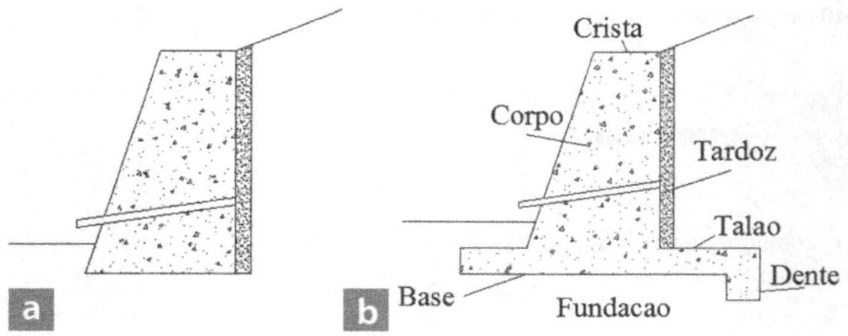

Figura 2. Exemplo de muro de peso (a) e muro de balanço (b).

Tanto para o dimensionamento quanto para a análise de esforços, é necessária uma investigação do solo, bem como a determinação das propriedades do solo contido, do solo de fundação dos muros e do solo de aterro. A verificação de segurança do muro depende das análises de estabilidade interna e externa da estrutura. A estabilidade externa do muro deve cumprir as seguintes condições: segurança contra o tombamento (movimento de rotação); segurança contra o deslizamento (movimento de translação); segurança contra tensões excessivas na fundação (capacidade de carga); e estabilidade geral do maciço de solo (ruptura global). Estes itens são mostrados na Figura 3.

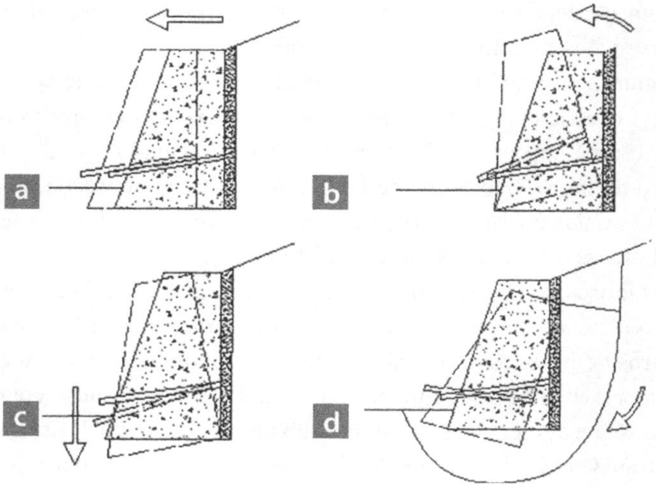

Figura 3. Muros de gravidade e instabilidades: (a) deslizamento, (b) tombamento, (c) ruptura por tensão excessiva na fundação e (d) ruptura global.

Deslizamento

Antes de iniciar a análise dos esforços nos muros de arrimo, apresenta-se uma tabela de valores típicos dos parâmetros do solo para alguns tipos de solo (em uma análise real, esses valores devem ser obtidos de ensaios de laboratório do solo empregado para a contenção):

Quadro 1. Valores característicos de γ, ϕ e c' conforme o tipo de solo.

Tipo de solo	γ (kN/m³)	ϕ(°)	c' (kPa)
Aterro compactado (silte areno-argiloso)	19-21	32-42	0-20
Solo residual maduro	17-21	30-38	5-20
Colúvio *in situ*	15-20	27-35	0-15
Areia densa	18-21	35-40	0
Areia fofa	17-19	30-35	0
Pedregulho uniforme	18-21	40-47	0
Pedregulho arenoso	19-21	35-42	0

Fonte: Gerscovich (2016).

Para a análise do deslizamento, divide-se o valor dos esforços de resistência pelo valor dos esforços de solicitação. O resultado, também conhecido como fatos de segurança para o deslizamento FS_{desliz}, deve ser maior do que

$$FS_{desliz} = \frac{\sum F_{res}}{\sum F_{sol}} = \frac{E_p/2 + S}{E_a} > 1{,}5$$

onde E_p é o empuxo passivo, E_a é o empuxo ativo, e S é o esforço cisalhante na base do muro.

O valor de S é calculado como:

$$S = \begin{cases} B\left[c_w + \left(\frac{W}{B} - u\right)tan(\delta)\right], & para\ permeabilidade\ alta\ (longo\ prazo) \\ B\ s_u, & para\ permeabilidade\ baixa\ (curto\ prazo) \end{cases},$$

onde W é o peso do muro (no caso de muro de flexão, considera-se para W a massa de solo sobre o talão), u é a poro-pressão, B é a largura da base do muro, c_w é a adesão solo-muro (considerada como $c/1,5$) e δ é o atrito solo-muro, com um valor entre 1/2 e 2/3 do ângulo de atrito interno do solo (ϕ).

Saiba mais

Como forma de aumentar a resistência ao deslizamento, gera-se uma inclinação na base do muro ou um dente, de modo que, assim, aumenta-se a superfície de solo em contato com o muro. Mais do que isso, na presença do dente, a ruptura, quando do deslizamento, ocorre na interface solo-solo.

Tombamento

O muro, conforme visto, pode, também, tombar. A estabilidade com relação ao tombamento exige que o momento resistente seja maior do que o momento solicitante.

Tomando como base a Figura 4, escreve-se:

$$FS_{tomb} = \frac{\sum M_{res}}{\sum M_{sol}} = \frac{W x_1 + E_{av} x_2}{E_{ah} y_2} > 1,5$$

onde E_{av} é a componente vertical do empuxo ativo e E_{ah} é a componente horizontal do empuxo ativo. As distâncias x_1, x_2 e y_2 são até o centro de gravidade do muro. O empuxo vertical deve ser considerado apenas quando há talão, sendo considerado o empuxo feito pelo solo sobre ele.

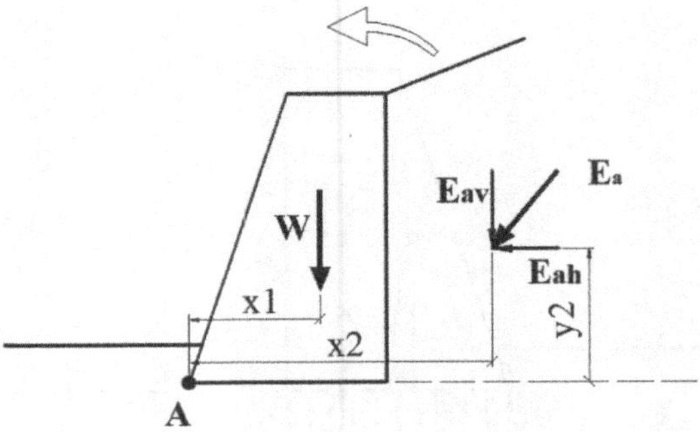

Figura 4. Situação de tombamento do muro de arrimo.

Ruptura por tensão excessiva na fundação

Outra forma de ruptura que pode ocorrer em muros de arrimo são as deformações excessivas ou ruptura na fundação do muro. Considera-se, para isso, que o muro é rígido e que a distribuição de tensões é linear ao longo da base. Quando a resultante de forças atuantes estiver dentro do núcleo do muro (isto é, dentro de uma distância de 1/6 do centro da base do muro). Assim, o diagrama de pressões no solo tem um aspecto trapezoidal, sendo o terreno submetido, apenas, às tensões de compressão. Segundo a Figura 5, as tensões σ_1 e σ_2 podem ser escritas como:

$$\sigma_1 = \frac{V}{B}\left(1 + \frac{6e}{B}\right)$$
$$\sigma_2 = \frac{V}{B}\left(1 - \frac{6e}{B}\right)$$

onde e é a excentricidade, que pode ser obtida como: $e = B/2 - e'$.

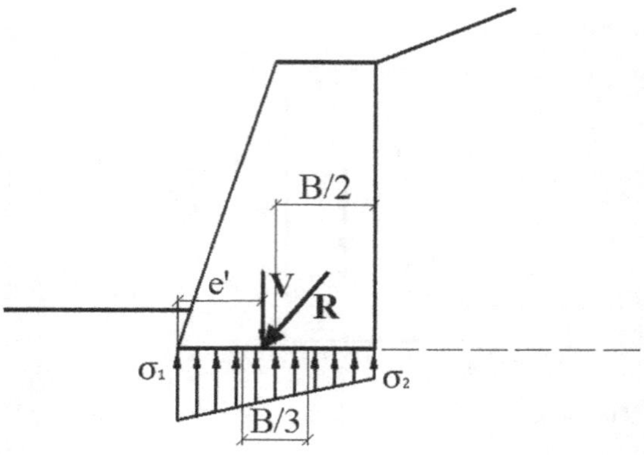

Figura 5. Situação de ruptura ou deformação excessiva da fundação.

Para evitar a ruptura do solo, a relação $\sigma_{max} < q_{max}/2.5$ deve ser respeitada, onde q_{max} é a capacidade de suporte calculada pelo método de Terzaghi-Prandtl pela seguinte equação:

$$q_{max} = c'N_c + q_sN_q + \gamma_f B'N_\gamma,$$

onde $B' = B - 2e$, c' é a coesão do solo de fundação, γ_f é o peso específico do solo de fundação, N_c, N_q e N_γ são fatores de carga relacionados com ϕ e apresentados na Tabela 1 e q_s é a sobrecarga efetiva no nível da base da fundação.

Tabela 1. Valores característicos de N_c, N_q e N_γ.

ϕ (°)	N_c	N_q	N_γ
0	5,14	1,00	0,00
5	6,54	1,62	0,46
10	8,35	2,47	1,22
15	11,05	3,97	2,68
20	14,83	6,40	5,39
25	20,75	10,72	10,94
30	30,14	18,40	22,40
35	46,38	33,52	48,57
40	75,31	64,20	109,41

Fonte: Gerscovich (2016).

Se a resultante estiver fora do núcleo central da base, o diagrama de tensões é triangular e a tensão máxima é dada por $\sigma_1 = 2V/3e'$. Deve-se evitar essa situação, uma vez que parte da base estaria submetida a esforços de tração. Como o solo usualmente não suporta essas tensões, a base do muro ficaria descolada da fundação.

Link

Neste vídeo é possível ver a ideia por trás da execução dos muros de arrimo, bem como a importância da drenagem.

https://goo.gl/n8N7xN

Ruptura global

Há, ainda, uma última forma de ruptura que é a ruptura global, também conhecida como ruptura do conjunto muro-solo. Considera-se que a ruptura acontece através de uma linha de ruptura que engloba parte do solo contido e a estrutura de contenção. Existem alguns métodos para avaliar essa ruptura, sendo o de Fellenius e de Bishop os mais conhecidos.

No método de Fellenius, também conhecido como método das fatias (Figura 6), admite-se que exista uma linha de ruptura no solo que engloba o solo contido e a estrutura de contenção. A linha de ruptura, de maneira simplificada, pode ser considerada como sendo circular, embora em campo ela apresente geometria diferente. Essa linha não é conhecida *a priori*. Desse modo, o procedimento correto para a avaliação da ruptura global é variar o centro dessa circunferência e o seu raio até que se encontre a linha crítica (que oferece a menor resistência). Como se pode imaginar, esse é um processo complicado e que envolve soluções numéricas.

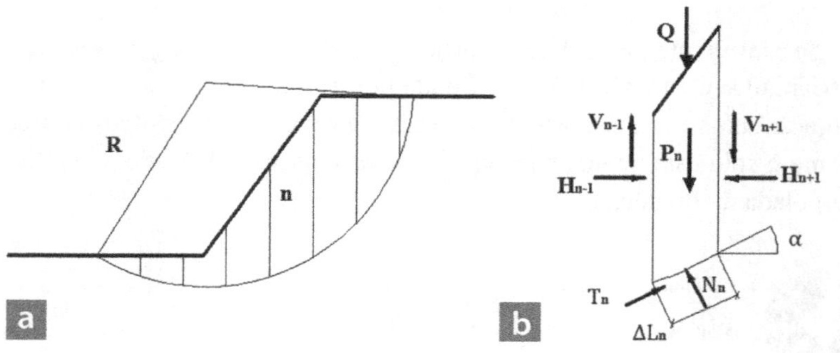

Figura 6. Método das fatias aplicado a uma estrutura de contenção (a) e detalhe das forças atuantes na fatia n (b).

Esse método é conhecido como método das fatias por dividir a estrutura, o solo contido e a região do solo onde há escavação em fatias, considerando as forças de cada uma – um esquema é mostrado na Figura 6(a). As forças da fatia *n*, conforme a Figura 6(b), são o peso (P_n), a sobrecarga (Q), as reações normal (N_n) e tangencial (T_n) e as componentes normais (H_{n-1} e H_{n+1}) e verticais (V_{n-1} e V_{n+1}) das reações (R_{n-1} e R_{n+1}) das fatias vizinhas $n - 1$ e $n + 1$. No método de Fellenius, as reações R_{n-1} e R_{n+1} são consideradas iguais, com mesma direção, mas sentidos opostos. Assim:

$$N_n = (P_n + Q)\cos\alpha \rightarrow \sigma_n = \frac{N_n}{\Delta L_n},$$
$$T_n = (P_n + Q)\sin\alpha \rightarrow \tau_n = \frac{T_n}{\Delta L_n}$$

onde a resistência ao cisalhamento ao longo da base da fatia é

$$\tau_n \Delta L_n = c'\Delta L_n + [(P_n + Q)\cos\alpha]\tan\phi'$$

Ao considerar todas as fatias, tem-se a seguinte expressão, que fornece o fator de segurança:

$$FS = \frac{\sum \tau_n \Delta L_n}{\sum (P_n + Q)\sin\alpha} = \frac{\sum c'\Delta L_n + [(P_n + Q)\cos\alpha]\tan\phi'}{\sum (P_n + Q)\sin\alpha} > 1{,}5$$

Exemplo

Avalie a possibilidade de ruptura global da estrutura de contenção abaixo:

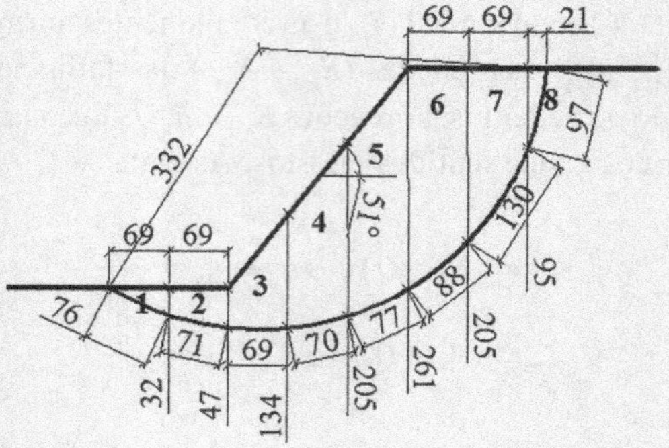

Considere que não há sobrecarga ($Q = 0$), $c' = 8kPa$, $\phi' = 30°$ e $\gamma = 18kN/m^3$. As medidas estão em centímetros. Exceto na fatia 8, as fatias são divididas com uma distância horizontal de 69 cm.

Sabe-se, pela inclinação da estrutura, que $\alpha = 55°$. Por meio da análise das dimensões, obtêm-se as áreas de cada fatia. As quantidades ΔL_n estão explícitas na figura anterior.

Fatia	Área = A_n (m^2)	$P_n = A_n \gamma$ (kN/m)	$c' \Delta L_n$ (kN/m)	$P_n \cos \alpha \tan\phi'$ (kN/m)	$\tau_n \Delta L_n$ (kN/m)	$P_n \sin \alpha$ (kN/m)
1	0,1112	2,0016	6,08	0,6628	6,7429	1,6396
2	0,2743	4,9374	5,68	1,6350	7,3150	4,0445
3	0,6263	11,2734	5,52	3,7333	9,2532	9,2346
4	1,1586	20,8548	5,6	6,9062	12,5062	17,0832
5	1,6363	29,4534	6,16	9,7536	15,9136	24,1268
6	1,6093	28,9674	7,04	9,5927	16,6327	23,7287
7	1,0351	18,6318	10,4	6,1700	16,5700	15,2623
8	0,0975	1,755	7,76	0,5812	8,3412	1,4376
TOTAL					93,2748	96,5574

Deste modo:

$$FS = \frac{\sum c'\Delta L_n + [P_n \cos\alpha]\tan\phi'}{\sum P_n \sin\alpha} = 0{,}9660 < 1{,}5$$

Este resultado indica que a estrutura calculada sofrerá ruptura global. Algumas medidas podem ser tomadas para evitar que isso ocorra; a principal delas é diminuir a inclinação do talude (dada por α).

Cortina de estacas prancha sem ancoragem

A análise dos esforços em cortinas de estacas prancha sem ancoragem é relativamente simples. Esse sistema de contenção é limitado a alturas da ordem de cinco metros. No seu dimensionamento, procura-se determinar a profundidade da ficha, com base em equilíbrio de forças e de momentos. Como pode ser visto na Figura 7, admite-se que o empuxo passivo do solo contido está na mesma linha onde há o giro da prancha. Assim:

$$\frac{E_{p1}f}{3} = \frac{E_a(h+f)}{3},$$

onde E_{p1} é o empuxo passivo do solo escavado, E_a é o empuxo ativo do solo contido, f é a ficha e h é a diferença de altura entre a superfície do solo contido e a superfície do solo escavado.

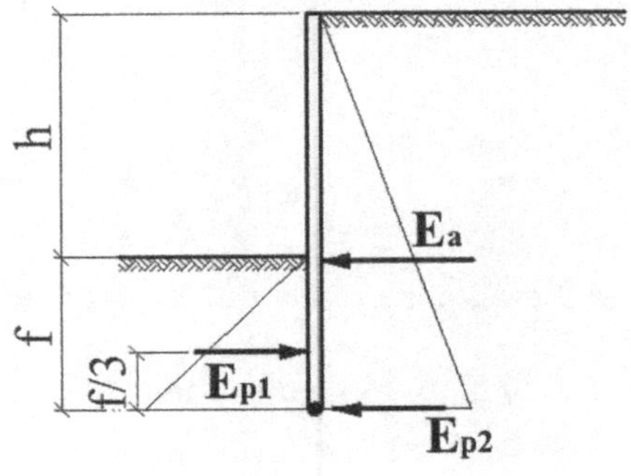

Figura 7. Esquema simplificado de forças em uma cortina de estacas prancha.

A equação pode ser reescrita, resultando em:

$$f^3 k_p = (h + f)^3 k_a$$

Uma vez encontrado o valor teórico da ficha, acrescentam-se 20% a esse valor por razões de segurança.

Exemplo

Deseja-se aplicar uma cortina de estacas prancha para a estrutura de contenção de um solo de $\gamma = 19$ kN/m³ e com $\phi = 30°$ para possibilitar a execução de uma casa. A diferença de altura entre o solo escavado e o contido é de 2m. Estime a ficha necessária para que uma cortina de estacas prancha sem ancoragem seja capaz de conter o solo (considere que não há inclinação no solo contido).

Os coeficientes k_a e k_b são calculados como:

$$k_a = \frac{(\cos i - \sqrt{\cos^2 i - \cos^2 \phi})}{(\cos i + \sqrt{\cos^2 i - \cos^2 \phi})} = \frac{(1 - \sqrt{1 - \cos^2 30°})}{(1 + \sqrt{1 - \cos^2 30°})} = \frac{1}{3},$$

$$k_b = \frac{(\cos i + \sqrt{\cos^2 i - \cos^2 \phi})}{(\cos i - \sqrt{\cos^2 i - \cos^2 \phi})} = \frac{(1 + \sqrt{1 - \cos^2 30°})}{(1 - \sqrt{1 - \cos^2 30°})} = 3.$$

Logo, a relação abaixo deve ser satisfeita:

$$3f^3 = \frac{(2 + f)^3}{3},$$

$$\sqrt[3]{9}\sqrt[3]{f^3} = \sqrt[3]{(2 + f)^3}.$$

Ou seja:

$$f \approx 0{,}96m.$$

Este é o valor teórico. Deve considerar, pelo menos, 20% a mais. Logo:

$$f_{adotado} > 1{,}20f \approx 1{,}16m.$$

Este é, portanto, o valor adotado para a ficha.

Exercícios

1. Relacione corretamente o tipo de instabilidade à imagem.

   a) Tombamento da estrutura de contenção.

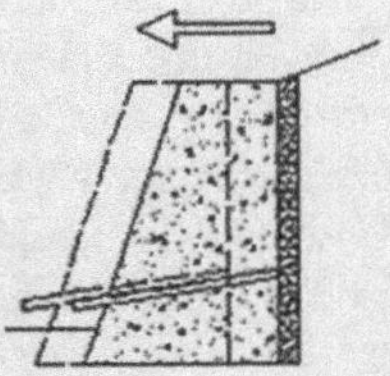

   b) Ruptura por tensão excessiva na fundação.

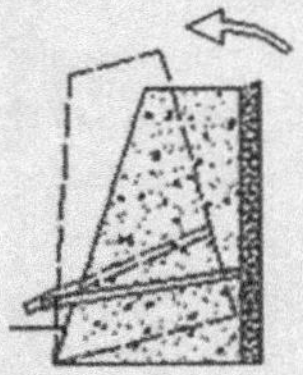

   c) Ruptura por tensão excessiva na fundação.

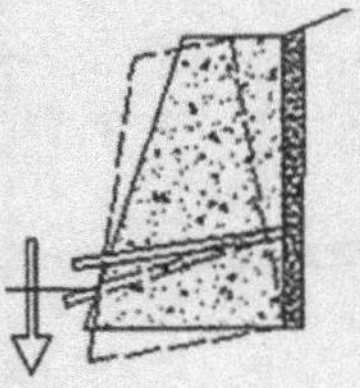

   d) Deslizamento.

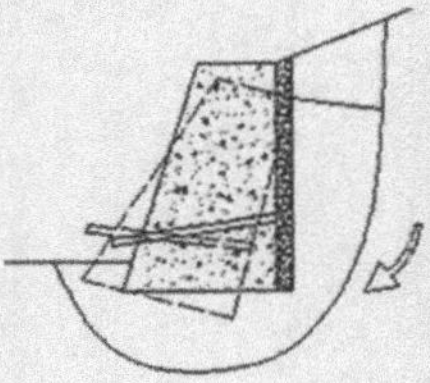

   e) Tombamento da estrutura de contenção.

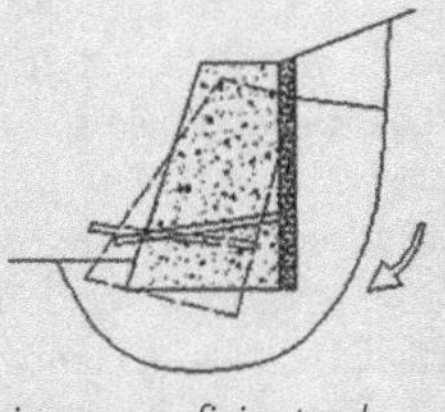

2. Determine os coeficientes k_a (empuxo ativo) e k_p (empuxo passivo) para uma inclinação do solo contido de 10 graus e um ângulo de atrito interno de 30 graus.

   a) $k_a = 0{,}355$ / $k_p = 2{,}818$.

   b) $k_a = 0{,}355$ / $k_p = 0{,}355$.

   c) $k_a = 2{,}818$ / $k_p = 0{,}355$.

   d) Não é possível calcular.

   e) $k_a = 0{,}297$ / $k_p = 3{,}362$.

3. Deseja-se verificar a estabilidade da estrutura de contenção da figura com relação ao tombamento. Qual é o fator de segurança para esta instabilidade? A estrutura é considerada estável com relação ao tombamento em torno do ponto A?

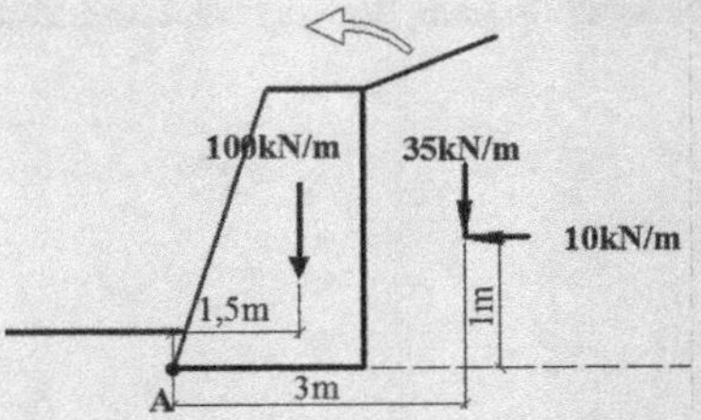

   a) O fator de segurança é igual a 26,5, sendo a estrutura estável.

   b) O fator de segurança é igual a 15, sendo a estrutura estável.

c) O fator de segurança é igual a 1,5, sendo a estrutura instável.
d) Não é possível responder, pois faltam dados do solo.
e) O fator de segurança é igual a 2,65, sendo a estrutura estável.

4. Considere uma situação em que os coeficientes de empuxo do solo sejam $k_a = 0{,}25$ e $k_p = 4$ e que a diferença de altura entre as superfícies do solo contido e do solo escavado seja de 2,50 metros. Qual deve ser o valor mínimo da ficha para que a estrutura do tipo estaca prancha sem ancoragem seja capaz de suportar o solo? Escreva o valor teórico de cálculo e o valor adotado.
a) Ficha teórica 0,99m / Ficha adotada 0,80m.
b) Ficha teórica 0,99m / Ficha adotada 1,15m.
c) Ficha teórica 0,99m / Ficha adotada 1,20m.
d) Ficha teórica 1,64m / Ficha adotada 1,95m.
e) Ficha teórica 1,64m / Ficha adotada 2,00m.

5. Que tipos de medidas podem ser tomadas em muros de contenção para aumentar a segurança contra as instabilidades abaixo?
a) Deslizamento: diminuir o empuxo ativo diminuindo a diferença de altura entre o solo contido e o solo escavado); Tombamento: diminuir o peso do muro.
b) Ruptura global: aumentar a altura entre o solo escavado e o solo contido; Tombamento: aumentar o peso do muro de contenção.
c) Tombamento: aumentar o peso do muro e prolongar o talão; Deslizamento: executar a base com uma certa inclinação e, se possível, fazer um dente no muro.
d) Ruptura global: implementar sistema drenante eficiente; Ruptura por tensão excessiva na fundação: diminuir a base do muro.
e) Ruptura por tensão excessiva da fundação: aumentar base do muro e substituir, se possível, o solo da fundação do muro por outro mais resistente; Tombamento: reduzir o peso do muro.

Leituras recomendadas

ESTRUTURAS de contenção: muros de arrimo. Rio de Janeiro: Faculdade de Engenharia *UFRJ*, [2017?]. Disponível em: <http://www.eng.uerj.br/~denise/pdf/muros.pdf>. Acesso em: 10 dez. 2017.

ESTRUTURAS de contenção: parte 1. Natal: *IFRN*, [2017?]. Disponível em: <http://docente.ifrn.edu.br/marciovarela/disciplinas/estruturas-de-contencao/apostila-parte-1/at_download/file>. Acesso em: 10 dez. 2017.

GERSCOVICH, D.; DANZIGER, B. R.; SARAMAGO, R. *Contenções*: teoria e aplicações em obras. São Paulo: Oficina de Textos, 2016.

LOTURCO, B. Contenções. *Téchne*, ed. 83, fev. 2004. Disponível em: <http://techne17.pini.com.br/engenharia-civil/83/artigo286273-1.aspx>. Acesso em: 10 dez. 2017.

MATERA, D. R. *Estabilidade de muros de gravidade*. [S.l.]: PUC-Rio, 2014. Disponível em: <http://www.puc-rio.br/pibic/relatorio_resumo2014/relatorios_pdf/ctc/CIV/CIV-Douglas%20Rocha%20Matera.pdf>. Acesso em: 10 dez. 2017.

TIPOS de Estruturas de Contenção. Rio de Janeiro: *PUC-Rio*, [2017?]. Disponível em: <https://www.maxwell.vrac.puc-rio.br/26066/26066_3.PDF>. Acesso em: 10 dez. 2017.

Gabaritos

Para ver as respostas de todos os exercícios deste livro, acesse o *link* abaixo ou utilize o código QR ao lado.

https://goo.gl/zRQQUR